DeepSeek

零基础上手到精通

李文 编著

科学普及出版社

·北 京·

图书在版编目（CIP）数据

DeepSeek零基础上手到精通 / 李文编著. -- 北京：
科学普及出版社，2025. 5. -- ISBN 978-7-110-10954-0

Ⅰ. TP18

中国国家版本馆CIP数据核字第2025SP8844号

责任编辑	孙　楠	
封面设计	赵　静	
责任印制	李晓霖	

出　　版	科学普及出版社	
发　　行	中国科学技术出版社有限公司	
地　　址	北京市海淀区中关村南大街 16 号	
邮　　编	100081	
发行电话	010-62173865	
传　　真	010-62173081	
网　　址	http://www.cspbooks.com.cn	

开　　本	880mm×1230mm　1/32	
字　　数	115 千字	
印　　张	6	
版　　次	2025 年 5 月第 1 版	
印　　次	2025 年 5 月第 1 次印刷	
印　　刷	鸿鹄（唐山）印务有限公司印刷	
书　　号	ISBN 978-7-110-10954-0/ TP·246	
定　　价	58.00 元	

（凡购买本社图书，如有缺页、倒页、脱页者，本社销售中心负责调换）

前言

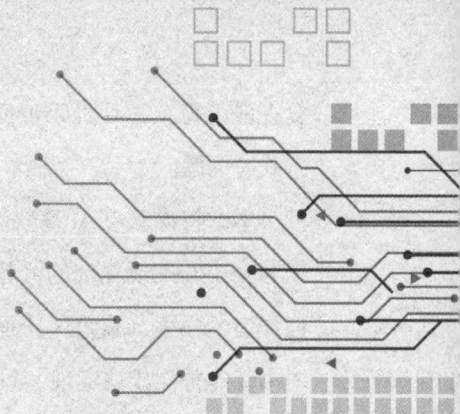

欢迎来到 AI 时代!

还记得第一次用搜索引擎的感觉吗?那种"世界尽在掌握"的新鲜感?现在,人工智能的浪潮再次席卷而来,而这一次,它不仅能帮我们搜索信息,还能直接为我们创造内容。

2025 年年初,DeepSeek 横空出世,这款由中国自主研发的大型语言模型,以其惊人的能力迅速占领了 AI 舞台。与此同时,它也引发了人们的焦虑——"我是否会被 AI 淘汰?""我该如何利用 AI 提升自己?"

事实上,AI 不会淘汰人类,但不会使用 AI 的人很可能会落伍。这本书的存在,就是为了确保你站在这场技术革命的浪潮之巅,而不是被它无情地淹没。

在撰写这本书时,我们注意到了一个有趣的现象:许多人第一次使用 DeepSeek 时,往往只是简单地提出需求,如"帮我写一篇工作总结""帮我写个产品推广文案"等,然后失望地发现 AI 给出的回复平淡无奇，甚至毫无价值。这不是 AI 的问题，而是你与 AI 的沟通方式有问题。

本书将揭示与 AI 高效沟通的秘密，教你如何通过精准的提示词，让 DeepSeek 成为你的"超级外脑"。无论你是办公室白领、自媒体创作者、学生、教师，还是任何希望在数字时代保持竞争力的人，这本书都能帮你成功实现"效率翻倍、压力减半"的工作、生活状态。

本书没有晦涩的技术术语，只有直观、实用、随拿随用的技巧和方法。每个章节都包含实际案例和可直接复制的提示词模板，让你能立即将其应用到自己的工作和生活中。

这不是一本需要从头读到尾的书。你可以根据自己的需求，直接跳到相关章节。无论你是想提高工作效率、创作内容、学习新技能，还是解决生活中的各种问题，你都能在这里找到相应的解决方案。

AI 是工具，而非魔法，它的强大取决于使用者的智慧。通过本书，你将学会如何成为 AI 的主人，而不是被动的使用者。

现在，是时候拥抱这场 AI 革命了。翻开这本书，开启你的 DeepSeek 之旅，成为那个"懂得如何与未来对话"的人。

编者

2025.3

目录
CONTENTS

第**1**章

新手入门
零基础掌握 DeepSeek 核心功能

第 2 章

职场必备
DeepSeek 助力高效办公

—

第 3 章

内容创作
打造个人 IP 与品牌影响力

第 **4** 章

场景化应用
DeepSeek 全方位解决问题

——

第5章

DeepSeek 超级武器库

第 1 章

新手入门

零基础掌握 DeepSeek 核心功能

DeepSeek 快速上手：基本功能与界面操作

2025 年 1 月，当 DeepSeek-R1 正式发布时，很少有人预料到它会在如此短的时间内改变我们的工作和生活方式。作为中国自主研发的大型语言模型，DeepSeek 不仅在技术上达到了世界一流水平，更重要的是，它对中文语境和中国用户的深刻理解，让它迅速成为国内用户的首选 AI 助手。

DeepSeek 是什么？

简单来说，DeepSeek 是一个由深度求索公司开发的人工智能助手，它可以理解自然语言，与人类进行对话，并完成各种文本生成、分析和创作任务。它就像一个无所不知的同事，可以 24 小时待命，随时帮你写报告、分析数据、创作内容，甚至解答各种问题。

不过，DeepSeek 不仅仅是一个聊天机器人。它的核心价值在于，它能够理解复杂的上下文，记住对话历史，并且能够根据你的需求生成高质量的内容。无论是写一篇专业的市场分析报告，还是创作一篇感人的小说，DeepSeek 都能够胜任。

DeepSeek vs ChatGPT：为什么选择 DeepSeek？

许多人可能会问，既然已经有了 ChatGPT，为什么还需要 DeepSeek？这个问题的答案其实很简单：本土化优势。

在中文理解和生成方面，DeepSeek 展现出明显的优势。它对中国文化、社会背景和语言习惯的理解更为深入，使得它在处理中文内容时更加准确和自然。此外，DeepSeek 对中国特色行业知识和政策法规的理解也更加到位，这对于在中国市场工作的人来说至关重要。

另一个不可忽视的优势是响应速度和稳定性。由于服务器主要部署在中国境内，DeepSeek 的响应速度往往比海外模型更快，这在日常工作中能为你节省大量时间。

价格方面，DeepSeek 提供了更为亲民的使用方案。基础功能完全免费，无须任何付费即可体验核心功能。对于有更高需求的用户，其付费计划的性价比也远超同类产品。

三分钟上手 DeepSeek

使用 DeepSeek 其实非常简单，只需要以下几个步骤：

（1）注册账号：打开 DeepSeek 官网，点击"立即体验"按钮，使用手机号或邮箱注册账号。

（2）进入对话页面：登录后，你会看到一个简洁的对话界面，有点像聊天软件。

我是 DeepSeek，很高兴见到你！

我可以帮你写代码、读文件、写作各种创意内容，请把你的任务交给我吧

给 DeepSeek 发送消息

⊗ 深度思考（R1）　　⊕ 联网搜索

（3）开始对话：在输入框中输入你的问题或指令，点击发送按钮或按回车键，DeepSeek 就会给出回应。

（4）持续对话：DeepSeek 会记住你们的对话历史，你可以基于之前的回应继续提问或要求修改。

总体来说，DeepSeek 的出现代表了 AI 助手的新时代。它不仅仅是一个能够回答问题的工具，更是一个能够理解你的需求、与你协作、帮助你更高效工作的智能伙伴。

在接下来的章节中，我们将深入探讨如何让 DeepSeek 真正理解你的需求，成为你的超级助手。

检索新体验：颠覆传统搜索方式

你是不是经常遇到这样的情况：想查点资料，打开搜索引擎输入关键词，结果跳出来几百万条链接，光是点开前五页就要花半个小时。好不容易找到一篇看起来相关的文章，读到最后才发现根本不对题。这时候，你可能会怀疑自己：是不是关键词不准？要不要换个平台再搜一遍？

传统检索就像在图书馆里摸黑找书，你得先知道书名（关键词），还得找对书架（网站平台），一旦记错一个字就可能前功尽弃。但 DeepSeek 完全不同，它更像一个图书管理员，你只需要用平时说话的方式告诉它你想要什么，它就能直接带你去正确的书架前，把相关的书挑出来摆在你面前。

举个真实的例子：有一个做医疗器械研发的团队，他们想找"使用人工智能检测心电图异常"的方案。用传统搜索引擎，他们需要分别搜索"心电图 AI 算法""心脏病诊断模型""医疗信号处理"这些关键词，每个词搜出来的内容还得自己拼凑。但使用 DeepSeek，他们只问了一句："我们有一台心电监测设备，怎么用 AI 自动发现患者心跳异常？最好有现成的代码参考。"结果，他们不仅得到了算法原理说明，还直接拿到了 Python 示例代码，连该去哪下载医疗数据都列出来了。

▌背后的秘密在于 DeepSeek 的三个突破：

（1）听得懂人话：不用费心想关键词，像聊天一样描述自己的需求即可。比如，"帮我搜索不需要换服务器就能让 App 加载变快的前沿技术"，系统会自动理解你要的是客户端优化方案。

（2）会联想、会推理：如果你问——"用太阳能发电板给山区基站供电靠谱吗？"它不仅能找到相关案例，还会帮你计算日照时长、对比不同电池的方案，甚至提醒你注意海拔对设备的影响。

（3）一站式搞定：不用在论文网站、技术论坛、代码平台之间来回切换，只需提出一个问题，学术资料、实践案例、代码片段会打包好一起出现。

▌具体怎么用，只需记住三个要点：

（1）说清需求：问题描述得越具体越好。比如："我是学会计的，但现在想转行做人工智能相关的工作，该怎么规划学习路线？需要报培训班吗？"针对你的表述，DeepSeek 能为你做出详细的规划，并提出合理建议。

（2）补充条件：比如，在上一点提出的问题后加上"每天能学习 2 小时，培训班预算 5000 元以内"，DeepSeek 给出的建议就会更贴合你的实际情况。

（3）整理信息：看到有用的信息，随时提出最新的需求。比如："把这些整理成时间表"或者"用表格对比这几个方案的优缺点"，DeepSeek 会帮你把零散信息结构化。

刚开始用 DeepSeek 你可能会不习惯，总想着像用传统搜索引擎那样精简关键词。其实你越放松，像和朋友讨论问题那样阐述，效果反而越好。下次找资料时，不妨试试看，对着 DeepSeek 把问题完整地"说"出来，你会发现原来找信息可以这么直接！

小白必看：与 AI 沟通的正确方式

你可能已经尝试过使用 DeepSeek，但得到的结果却令人失望。你输入"帮我写一篇营销文案"，得到的却是一段干巴巴的通用文字，毫无创意可言。这不是 DeepSeek 能力不足，而是因为你还没掌握与 AI 沟通的正确方式。

想象一下，如果你对一位新入职的同事说"帮我做个方案"，没有提供任何背景和要求，他能做出令你满意的工作吗？显然不能。与 AI 沟通也是如此，它需要明确的指导才能发挥最大价值。

告别"AI 听不懂人话"的 5 个提问秘诀

▌秘诀一：明确角色与任务

当你使用 DeepSeek 时，首先要明确你希望它扮演什么角色，以及你需要它完成什么任务。比如，不要只说"分析这个市场"，而应该说"作为一名有 10 年经验的市场分析师，请分析中国新能源汽车市场的发展趋势"。

角色设定可以让 DeepSeek 更好地理解你的期望，从而调整它的输出风格和专业深度。如果你想要获得专业的财务建议，可以让它扮演"财务顾问"；如果你需要简单易懂的科普解释，可以让它扮演"科普作家"。

▌秘诀二：提供足够的上下文

AI 没有读心术，它只能根据你提供的信息进行回应。因此，提供充分的背景信息和上下文非常重要。比如，当你要求它写一份产品介绍时，应该提供产品的名称、功能、目标用户、核心竞争力等关键信息。

上下文不仅包括事实信息，还包括你的期望和限制条件。例如，你可以指定文字的长度、风格、结构，甚至可以提供一些参考案例。这些都能帮助 DeepSeek 更好地理解你的需求。

▋秘诀三：使用结构化的提问方式

结构化提问是指将你的需求分解为几个明确的部分，比如背景、目标、要求和期望输出等。这种方式可以让 DeepSeek 更清楚地理解你的意图。

例如，当你需要一份市场调研报告时，可以这样提问：

"背景：我正在考虑进入家用空气净化器市场。

目标：了解市场规模、主要竞争者和消费者需求。

要求：请提供近 2 年的市场数据和未来 3 年的发展趋势预测。

家用空气净化器市场分析报告

家用空气净化器市场分析报告（2022-2026）

作者：行业研究团队
日期：2023年10月

一、市场规模与增长分析

1. 全球及区域市场规模（2022-2023）

- **全球市场**：2022年家用空气净化器市场规模为 **120亿美元**，2023年预计增长至 **135亿美元**，年复合增长率（CAGR）达 **12.5%**。
- **区域分析**：
  - **亚太地区**（占比45%）：中国、印度、日本为核心增长市场，政策驱动（如中国"健康中国2030"）及空气质量问题为主要推动力。
  - **北美**（占比30%）：消费者健康意识强，高单价产品（300-800美元）占主导。
  - **欧洲**（占比20%）：节能环保需求推动市场，德国、英国为主要消费国。

![全球市场份额分布图]
（图表：饼图显示亚太45%、北美30%、欧洲20%、其他5%）

2. 中国市场表现

- **2022年规模**：320亿元人民币，2023年预计达370亿元，增长率15.6%。
- **驱动因素**：
  - 雾霾治理政策与室内PM2.5关注度提升。
  - 新冠疫情后消费者对"健康家居"需求激增。

给 DeepSeek 发送消息

深度思考 (R1)   联网搜索

输出格式：2000字左右的分析报告，包含数据图表和行动建议。"

这种结构化的提问方式能够大大提高 DeepSeek 的理解准确度。

秘诀四：使用具体的例子

有时候，用语言描述你的需求可能不够直观。在这种情况下，提供具体的例子会非常有帮助。比如，当你想要 DeepSeek 写一篇特定风格的文章时，可以提供一个类似风格的范例。

"请以下面这种轻松幽默的风格，为我写一篇关于远程工作的文章：【示例文章】"

通过模仿示例，DeepSeek 能更准确地捕捉到你想要的风格和语调。

秘诀五：进行迭代优化

与 AI 的沟通不是一次性的，而是一个迭代优化的过程。当你收到 DeepSeek 的回答后，不要犹豫，直接告诉它哪些地方符合你的期望，哪些地方需要调整。

比如，你可以说："这篇文章的结构很好，但内容太正式了，能否调整为更加轻松的语调？同时，第二部分的数据分析可以再详细一些。"

通过这种方式，DeepSeek 能够不断调整和改进，最终达到你满意的效果。

新手常犯的 4 个致命错误

▎错误一：提问过于模糊

最常见的错误是提问太过模糊，没有明确的目标和要求。例如，简单地说"给我写一篇文章"或"帮我分析这个问题"，这种提问方式几乎注定会得到平淡无奇的回答。

正确的做法是提供具体的主题、目标受众、内容要求和预期长度等信息。比如："请为一家高端健身房写一篇宣传文章，目标受众是 25~40 岁的都市白领，重点突出其专业教练团队和个性化训练方案，文章长度约 800 字。"

▎错误二：不提供足够的背景信息

很多人在提问时忽略了背景信息的重要性。没有背景信息，DeepSeek 只能生成通用浅显的内容，而无法针对你的具体情况提供定制化的建议。

比如，当你询问"如何提高销售额"时，应该提供你的行业、产品、目标客户、当前销售状况等信息，这样 DeepSeek 才能给出更有针对性的建议。

错误三：一次性提出过多复杂问题

这是最容易被忽视的一个错误。当你一次性提出多个复杂问题时，DeepSeek 可能会难以全面处理所有问题，导致回答质量下降。

更好的方式是将复杂问题分解为几个简单问题，一步一步引导 DeepSeek 思考。例如，不要一次性问"如何制定完整的品牌营销策略"，而是先问"如何进行品牌定位"，然后再问"如何选择合适的营销渠道"，最后问"如何衡量营销效果"。

错误四：期望 AI 替代人类判断

一些用户对 AI 的能力期望过高，希望它能完全替代人类的判断和决策。然而，AI 的强项在于处理和分析数据，生成创意内容，而不是作出最终决策。

最佳实践是将 DeepSeek 视为强大的助手，它可以提供信息、分析和建议，但最终的决策权仍然在你手中。你应该结合自己的专业知识和判断力，对 AI 的输出进行筛选和调整。

从 0 到 1：零基础也能写出专业提示词

即使你是 AI 领域的新手，也可以通过以下简单的模板快速上手，写出专业有效的提示词：

基础模板：【角色】+【背景】+【任务】+【要求】+【输出格式】

例如：

"作为一名资深营销顾问（角色），请为一款新上市的智能手表（背景）设计一份社交媒体营销方案（任务）。目标受众是 25~45 岁的都市科技爱好者，预算为 10 万元，为期 3 个月。方案需包含平台选择、内容主题、投放时间和预期效果（要求）。请以 2000 字左右的策划书形式呈现，包含时间表和预算分配（输出格式）。"

这个模板可以根据不同的需求进行调整。比如，如果你需要创意内容，可以添加风格要求；如果你需要分析报告，可以指定分析维度和深度。

记住，与 AI 沟通的核心是清晰、具体和结构化。就像指导一个新同事一样，你需要明确告诉它你的期望和要求。通过不断实践和优化，你会发现与 DeepSeek 沟通变得越来越容易，而它的输出也会越来越符合你的预期。

掌握了这些提问技巧，你将能够充分发挥 DeepSeek 的潜力，让它成为你工作和生活中的得力助手。接下来，我们将探讨如何让 DeepSeek 成为你的私人创作助手，帮助你高效完成各种文字工作。

文本创作基础：让 AI 帮你写作

在当今信息爆炸的时代，无论是职场人士还是学生，都面临着大量的文字工作。报告、邮件、论文、演讲稿，这些写作任务占用了我们大量的时间和精力。现在，有了 DeepSeek，你可以将这些繁重的写作工作变得轻松高效。

三步创作法：从零到成稿的无缝过渡

DeepSeek 不仅仅是一个能回答问题的工具，它还是一个强大的创作助手。通过以下三个步骤，你可以轻松将 DeepSeek 变成你的私人写手。

步骤一：明确创作目标和框架

任何创作的第一步都是明确目标和搭建框架。你可以要求 DeepSeek 帮你梳理思路，确定文章的主要框架和内容要点。

例如，如果你需要写一份项目计划，可以这样向 DeepSeek 提问：

"我需要为一个新的营销活动写一份项目计划。请帮我制定一个详细的框架，包括项目背景、目标、实施步骤、时间安排、资源需求和预期成果等部分。"

营销活动项目计划框架制定

一、项目背景

1. **市场现状分析**
- 行业趋势与市场机会（如用户需求变化、技术发展等）
- 竞争对手近期动态（如竞品营销策略、市场份额）

2. **内部动因**
- 公司战略目标（如品牌升级、新品上市、用户增长）
- 当前业务痛点（如销售额下滑、用户活跃度不足）

二、项目目标

1. **核心目标**
- SMART原则表述（示例）：
  - 提升新品X的销量，活动期间达成XX万元销售额；
  - 新增注册用户X万人，转化率提升X%；
  - 品牌曝光量达到XX万次，社交媒体互动率提升X%。

2. **次要目标**
- 用户画像完善、潜在客户线索收集、渠道合作资源拓展等。

三、实施步骤

阶段1：前期筹备
- 市场调研：用户需求问卷、竞品活动分析

给 DeepSeek 发送消息

⊗ 深度思考 (R1)　⊕ 联网搜索

DeepSeek 会给你一个结构清晰的框架，帮你理清思路。有了这个框架，你就可以进入下一步创作过程。

步骤二：逐一填充内容

有了框架后，你可以要求 DeepSeek 帮你逐一填充各个部分的内容。这时，你需要提供更多的具体信息和要求。

继续上面的例子，你可以这样要求：

"现在，请帮我详细写出项目背景部分。这个营销活动针对的是我们新推出的健康饮品，目标受众是 25~40 岁的年轻白领，主要在社交媒体平台上进行。我们的竞争对手最近也在这个领域有所动作，我们希望通过这次活动提

升品牌知名度并增加销量。"

DeepSeek 会根据你提供的信息，生成一段详细的项目背景描述。你可以用同样的方式，逐一完成其他部分的内容。

▌步骤三：整合与润色

当所有部分都填充完毕后，你可以要求 DeepSeek 帮你整合所有内容，并进行最后的润色。这一步非常重要，它能确保整个文档的一致性和流畅性。

"请将前面写的各个部分整合成一份完整的项目计划，确保各部分之间的连贯性和一致性。同时，请用简洁专业的语言进行润色，避免重复和冗余。"

通过这三个步骤，你就能得到一份高质量的项目计划，而整个过程可能只需要十几分钟。这比你自己从头开始写要高效得多。

工作报告模板库：再也不用熬夜写总结

工作报告是大多数职场人士的常规任务，但编写一份清晰、全面、有说服力的报告却并不容易。DeepSeek 可以帮你解决这个难题。

无论是周报、月报、项目进度报告还是年终总结，DeepSeek 都能帮你快速生成高质量的内容。以下是一些实用的提示词模板：

▍周报生成：

"请帮我撰写本周的工作周报，包括以下内容：

（1）本周完成的工作：【列出具体工作内容】

（2）遇到的问题和解决方法：【描述问题和解决过程】

（3）下周工作计划：【列出计划内容】

（4）需要协调的资源：【描述所需支持】

请使用简洁明了的语言，突出重点成果和关键进展。"

▍项目进度报告：

"作为项目经理，请帮我撰写一份【项目名称】的进度报告，内容包括：

（1）项目概览：【简要描述项目背景和目标】

（2）当前进度：【描述已完成工作和进度百分比】

（3）关键里程碑达成情况：【列出里程碑和状态】

（4）遇到的挑战和应对措施：【描述挑战和解决方案】

（5）下一阶段计划：【列出即将开展的工作】

（6）风险评估：【列出潜在风险和应对策略】

报告长度控制在 1000 字左右，语气专业客观。"

这些模板只需稍加修改，填入你的实际情况，就能快速生成符合要求的报告。你不再需要在报告上花费大量时间，而可以将精力集中在更有价值的工作上。

一键生成多语言内容：轻松拿下全球客户

在全球化的今天，能够用多种语言进行沟通是一项重要的能力。无论你是需要与国际客户交流，还是开拓海外市场，DeepSeek 都能帮你快速生成高质量的多语言内容。

多语言内容生成

如果你需要创建多语言内容，可以直接要求 DeepSeek 将你的中文内容翻译成其他语言，或者直接用其他语言创建内容：

"请将以下产品介绍翻译成英语、日语和西班牙语，保持专业的商务风格：【产品介绍】"

"作为一名营销专家，请用英语撰写一封邮件，向美国客户介绍我们的新服务。服务内容是【描述服务内容】，目标是【描述目标】，邮件风格专业礼貌。"

需要注意的是，DeepSeek 不仅能进行直接翻译，还能根据目标语言的文化背景和表达习惯进行适当调整，使内容更符合目标受众的阅读习惯。

跨文化沟通技巧

除了基础的翻译，你还可以请 DeepSeek 提供跨文化沟通的建议，帮助你更好地与国际客户或合作伙伴沟通：

"我即将与日本客户进行商务会谈，请提供一些日本商务礼仪和沟通技巧，帮助我避免文化冲突和误解。"

"请帮我撰写一封英文邮件，邀请美国合作伙伴参加我们在上海的产品发布会。邮件需要考虑中美文化差异，既保持专业性，又展现热情好客的中国特色。"

通过这些方式，DeepSeek 可以帮助你跨越语言和文化障碍，轻松拓展国际业务。

文案进化术：普通文字→专业级内容的华丽转身

有时候，我们已经有了一些初步的想法或草稿，但缺乏专业的表达和精练的语言。DeepSeek 可以帮你将这些粗糙的内容提升到专业水平。

内容升级与润色

如果你已经有了一份初稿，但不满意其质量，可以要求 DeepSeek 对其进行升级和润色：

"请对以下产品描述进行专业润色，使其更有说服力和吸引力，突出产品的核心价值和独特卖点：【产品描述】"

"这是我写的一段关于团队管理的文字，感觉有些口语化和杂乱。请帮我调整为更加专业、结构清晰的内容，同时保留原有的核心观点【原文内容】"

风格转换

有时候，我们需要针对不同的平台或受众调整内容的风格。DeepSeek 可以帮你快速实现这一点：

"请将以下正式的产品介绍转换为适合社交媒体的轻松活泼风格，长度控制在 300 字以内：【产品介绍】"

"请将这篇技术说明文档转换为面向非专业用户的通俗易懂版本，避免使用专业术语，增加实用例子和比喻：【技术文档】"

通过这种方式，你可以根据不同的需求和场景，灵活调整内容的风格和表达方式，让你的文字更有针对性和影响力。

专业写作辅助

除了一般性的内容创作，DeepSeek 还能辅助你完成各种专业写作任务，如学术论文、技术文档、商业计划书等：

"我正在撰写一篇关于人工智能在医疗领域应用的学术论文，请帮我完善以下文献综述部分，使其更加全面和学术化：【文献综述草稿】"

"请帮我优化这份商业计划书的执行摘要部分，使其更能吸引投资者的注意，突出商业模式的创新性和市场潜力：【执行摘要草稿】"

通过这些方式，DeepSeek 可以帮助你提升写作质量，让你的内容更专业、更有说服力，更能达到预期的效果。

DeepSeek 正在改变我们创作和处理文字的方式。它不仅能节省我们大量的时间和精力，还能提升内容的质量和专业度。无论你是职场新人还是资深专业人士，掌握这些技巧都能让你的工作效率和输出质量得到显著提升。

深度思考模式：让 AI 像专家一样解决问题

在工作和学习中，我们经常会遇到需要深入分析和解决的复杂问题。普通的 AI 回答往往停留在表面，给出的只是一般性的建议或解释。而 DeepSeek 的深度思考模式，则能带你进入一个全新的思考维度，为你提供近乎专家级的解决方案。

什么是深度思考模式？

深度思考模式是 DeepSeek 的一大亮点功能，它让 AI

不再只是简单地给出答案，而是模拟人类专家的思考过程，一步一步地分析问题、提出假设、评估证据，最后得出合理的结论。这就像是让一个领域专家坐在你旁边，手把手地教你思考问题和找出解决方案。

在普通模式下，DeepSeek 可能会直接给出一个简洁的答案；而在深度思考模式下，它会展示完整的推理过程，让你不仅知道"是什么"，还能理解"为什么"和"怎么做"。这对于学习新知识、解决复杂问题以及做出重要决策非常有价值。

激活 AI 超能力的隐藏开关

启用深度思考模式非常简单。在 DeepSeek 界面中，通常在输入框附近会有一个"深度思考"的开关或按钮。只需点击开启，DeepSeek 就会进入深度思考模式。如果你在界面上找不到这个选项，也可以在提问时，加上一个特定的指令，就可以激活这一强大功能。以下是几种常用的激活方式：

"请使用深度思考模式回答以下问题……"

"请一步一步地分析这个问题……"

"请详细解释你的思考过程……"

"请像一名专家一样深入分析这个问题……"

当你使用这些指令后，DeepSeek 就会切换到深度思考模式，为你提供更加详细和系统的分析。

例如，如果你想了解某个投资决策是否合理，DeepSeek 在普通模式下可能会给你一个简单的建议，而在深度思考模式下，它则会分析市场趋势、风险因素、投资回报率等多个维度，帮助你全面评估这个决策。

八倍思考深度：从表面答案到专家级分析

深度思考模式的核心价值在于它能够提供多层次、多角度的分析，帮助你更深入地理解问题。下面是一个对比示例，展示了普通模式和深度思考模式的差异：

问题：我的电子商务网站流量很高，但转化率很低，应该如何解决？

普通模式回答：

你可以优化网站设计，简化购买流程，提高产品描述质量，增加信任元素如评价和保障，并考虑调整价格策略。

深度思考模式回答：

让我系统分析这个问题：

首先，我需要明确问题的核心：高流量但低转化率意味着访客来了但不购买，这可能有多种原因。

第一步，我会从用户体验角度分析：

（1）网站加载速度是否过慢？有研究表明，超过 3 秒的加载时间会导致 53% 的用户放弃访问。

（2）网站导航是否清晰？用户找不到想要的产品会导致用户流失。

（3）购买流程是否复杂？每增加一个步骤，放弃率就会提高约 10%。

第二步，从产品角度分析：

（1）产品描述是否详尽？缺乏关键信息会增加用户疑虑。

（2）产品图片质量如何？高质量的多角度图片能显著提升转化率。

（3）价格是否具有竞争力？过高的价格是用户放弃购买的主要原因之一。

第三步，从信任角度分析：

（1）网站是否有足够的信任信号？如用户评价、安全支付标志等。

（2）退货政策是否明确？灵活的退货政策能减少购买障碍。

基于以上分析，我建议采取以下措施：

（1）技术优化：提升网站加载速度，简化购买流程，优化移动端体验。

（2）内容优化：改进产品描述和图片，增加视频演示，突出产品优势。

（3）信任建设：增加用户评价展示，强化安全保障和售后服务。

（4）数据分析：使用热力图和漏斗分析找出用户流失的具体环节。

最后，建议进行 A/B 测试，不要同时改变太多因素，这样才能明确哪些措施真正有效。

从这个对比可以看出，深度思考模式提供了更加系统、全面的分析和建议。它不仅告诉你应该做什么，还解释了为什么这样做有效，以及具体如何实施。这种深度分析对于解决复杂问题非常有价值。

普通人也能用的复杂问题解决框架

深度思考模式不仅适用于专业人士，普通人也能借助它来解决各种复杂问题。以下是一个通用的问题解决框架，你可以在与 DeepSeek 对话时使用：

（1）明确问题

首先，清晰定义你面临的问题。问题定义越明确，DeepSeek 的分析就越有针对性。例如：

"请使用深度思考模式，帮我分析为什么我的团队协作效率低下？我们是一个 10 人的产品开发团队，最近两个月完成的任务比计划少 30%。"

（2）系统分析

要求 DeepSeek 从多个角度对问题进行系统分析：

"请从团队结构、沟通机制、工作流程、技能匹配和激励机制 5 个角度分析可能的原因，并针对每个角度提供具体的观察点。"

（3）提出解决方案

基于分析结果，要求 DeepSeek 提出具体的解决方案：

"根据上述分析，请提供 3~5 个最有可能解决问题的具体措施，并解释为什么这些措施会有效，以及如何实施。"

（4）评估方案

要求 DeepSeek 评估各个解决方案的可行性、成本和潜在风险：

"请评估每个解决方案的实施难度、所需资源、预期效果和可能的风险，帮助我确定最优先要实施的措施。"

（5）制订行动计划

最后，要求 DeepSeek 帮你制订具体的行动计划：

"请为最优先的解决方案制订一个分步骤的行动计划，包括每个步骤的具体活动、负责人、时间安排和成功标准。"

通过这个框架，即使是普通人也能利用 DeepSeek 的深度思考模式解决各种复杂问题，得到接近专业顾问水平的分析和建议。

深度思考模式的最佳应用场景

深度思考模式并不适用于所有场景。对于简单的问题或需要简短回答的情况，普通模式可能更加高效。以下是深度思考模式特别有价值的几种场景：

▌复杂决策分析

当你面临重要的决策，如职业选择、大额投资、产品策略等，深度思考模式可以帮你全面评估各种因素和选项，做出更理性的决策。

"请使用深度思考模式，分析我是否应该从当前的稳定工作跳槽到一家有潜力但风险较高的创业公司。我目前是一家大型企业的产品经理，月薪 2 万，工作稳定但晋升空间有限；创业公司提供的薪资略低，但有股权激励，产品方向是 AI 教育。"

▌问题根因分析

当你遇到复杂的问题，尤其是那些表面现象背后可能有多种原因的问题，深度思考模式可以帮你进行系统分析，找出真正的根本原因。

"请使用深度思考模式，分析我的内容创作平台用户活跃度在过去三个月下降了 40% 的可能原因。平台主要面向年轻职场人群，提供职业技能提升内容。"

▌学习复杂概念

当你想要深入理解某个复杂的概念或理论，深度思考模式可以提供更详细、更有结构的解释，帮助你建立完整的知识框架。

"请使用深度思考模式，解释量子计算的基本原理，以及它与传统计算的区别。请从基础概念开始，逐步深入到实际应用。"

创造性问题解决

当你需要创新思路或突破性想法时，深度思考模式可以帮你打破常规思维，从多个角度探索可能的解决方案。

"请使用深度思考模式，帮我想出 10 种创新的方式来提高远程团队的凝聚力和协作效率，考虑不同时区、文化背景和工作习惯的因素。"

深度思考模式是 DeepSeek 最强大的功能之一，它能将 AI 从简单的问答工具升级为真正的思维助手。通过掌握深度思考模式的使用技巧，你可以更好地应对工作和生活中的各种挑战，做出更明智的决策，解决更复杂的问题。

无论你是学生、职场人士还是创业者，深度思考模式都能为你提供专业水平的分析和建议，帮助你在这个信息爆炸的时代保持清晰的思考和高效的决策。

在接下来的章节中，我们将探讨如何利用 DeepSeek 提升工作效率，应对各种职场挑战。

第 2 章

职场必备

DeepSeek 助力高效办公

商务文档一站式生成：合同、报告、总结

在职场中，文档撰写是一项既耗时又考验专业素养的工作。从条款严密的合同，到数据翔实的工作报告，再到逻辑清晰的项目策划案，每一种文档都有其特定的格式要求和表达规范。许多职场人常常为此头疼不已：一份高质量的文档可能需要耗费数小时甚至数天的时间来完成，而繁忙的工作节奏往往不允许我们有这样的奢侈时间。

幸运的是，DeepSeek 的出现为我们带来了解决方案。它能够帮助我们高效生成各类商务文档，大幅缩短写作时间，同时保证内容的专业性和准确性。让我们看看具体怎么操作。

合同撰写：精准、安全、无遗漏

合同作为商业活动的法律保障，其撰写要求格外严格。条款表述不精确或存在遗漏，都可能导致严重的法律风险和经济损失。借助 DeepSeek，我们可以快速生成合同框架和关键条款，确保内容全面且专业。

要使用 DeepSeek 撰写或优化合同条款，我们可以按照【角色设定】+【详细任务描述】+【关键信息补充】+【期望输出要求】这一提示词公式来构建指令。

例如，假设你需要起草一份软件开发合同的付款条款，可以这样向 DeepSeek 提问：

"【角色设定】作为经验丰富的合同法律专家，【详细任务描述】请帮我撰写一份软件开发合同的付款条款。我方作为委托方，在软件开发项目启动后的 5 个工作日内，支付合同总金额的 30% 作为预付款；在软件完成初步开发并通过我方内部测试后，支付合同总金额的 40%；在软件正式上线运行且稳定运行一个月后，支付剩余 30% 的款项。【关键信息补充】同时，需明确若软件存在严重的质量问题，影响正常使用，我方有权暂停付款，并要求供应商在 10 个工作日内解决问题。若逾期未解决，我方有权扣除相应款项作为补偿。此外，付款方式统一采用银行转账。【期

以下是为您拟定的软件开发合同付款条款，采用正式法律文本结构及表述方式。

第四条　合同价款及支付方式

4.1 本合同总金额为人民币【】元整（￥【】）；甲方按以下阶段向乙方支付合同价款：

（1）**预付款**：本合同生效且项目启动（以双方签署的《项目启动确认书》为准）之日起5个工作日内，甲方向乙方支付合同总金额的30%（即人民币【】元整，￥【】）；

（2）**中期款**：乙方完成软件开发并通过甲方组织的内部测试验收（以甲方签署《阶段性验收确认书》为凭）之日起10个工作日内，甲方向乙方支付合同总金额的40%（即人民币【】元整，￥【】）；

（3）**尾款**：软件正式上线运行且连续稳定运行满30个自然日（以甲方签署《最终验收合格证书》为凭）之日起10个工作日内，甲方向乙方支付剩余30%款项（即人民币【】元整，￥【】）。

4.2 **质量保证条款**：若软件存在功能性缺陷或性能指标未达到附件《技术需求说明书》约定标准（统称"严重质量问题"），导致甲方正常使用受阻的，甲方有权以书面通知形式暂停当期及后续款项支付。乙方应自收到通知之日起10个工作日内完成修复并提交书面整改报告，逾期未解决的，甲方有权按每日合同总金额0.5%的标准从应付款项中扣除违约金；逾期超过20个工作日的，甲方可单方解除合同并要求乙方赔偿实际损失。

4.3 **支付方式**：甲方通过银行转账支付至乙方指定账户（开户行：【】；账户名称：【】；账号：【】）。乙方应在每期付款前5个工作日内向甲方开具等额合法有效增值税专用发票。

给 DeepSeek 发送消息

🧠 深度思考 (R1)　　🌐 联网搜索

望输出要求】请以正式、严谨的法律语言呈现，确保条款清晰、无歧义。"

DeepSeek 会根据你的需求，生成一份专业的合同条款，包括付款时间点、付款比例、质量要求、违约责任等方面，语言严谨规范，逻辑清晰无歧义。你只需对生成的内容进行审核和必要的调整，就能得到一份高质量的合同条款。

工作报告：结构清晰、重点突出

工作报告是职场中常见的文档类型，无论是周报、月报还是项目总结，都需要清晰地呈现工作成果、问题分析和改进措施。使用 DeepSeek 撰写工作报告，可以帮助你快速整理思路，突出重点，提高汇报效率。

假设你是一名市场推广专员，需要撰写过去一个月的工作报告，可以这样向 DeepSeek 提问：

"【角色设定】请以专业的职场报告撰写人的身份，【详细任务描述】为我生成一份过去一个月的市场推广工作月度报告。我主要负责公司新产品的线上推广，上个月我在社交媒体平台发布了50条推广内容，总曝光量达到20万次，吸引用户点击链接进入产品详情页1万次，新增潜在客户5000人。然而，在某短视频平台的推广效果未达预期，转化率仅为1%。经过分析，发现原因是视频内容与平台用户的喜好匹配度不高。接下来，我计划深入研究该平台的热门视频风格，调整推广视频内容方向，同时与平台上 3 ～ 5 位腰部主播合作，提升产品的曝光度和转化率。【关键信息补充】在报告中需重点突出工作成果数据、分析产生问题的原因。【期望输出要求】报告结构清晰，语言简洁明了，800 字左右。"

2023年XX月新产品线上推广月度分析报告

一、工作概述

本月聚焦公司新产品线上推广，以社交媒体矩阵运营为核心，同步拓展短视频平台曝光渠道。通过内容分发、流量运营及用户行为分析，推动产品认知度提升与潜在客户沉淀，并根据数据反馈优化后续策略方向。

二、核心成果与数据分析

1. 社交媒体矩阵运营成效显著

- **内容产出量：** 累计发布推广内容50条，涵盖图文、短视频、互动活题等形式，覆盖微博、微信、小红书等主流平台。
- **曝光与流量转化：**
  - 总曝光量达**20万次**，日均曝光约6,667次；
  - 用户点击产品详情页链接**1万次**，点击转化率**5%**（行业均值约3%-4%）；
  - 新增潜在客户**5,000人**，留资转化率**50%**（通过表单提交、私信咨询等行为判定）。
- **用户画像匹配度：** 后台数据显示，点击用户中80%与产品目标客群（25-35岁、一二线城市职场人群）高度重合，验证内容定向投放有效性。

2. 短视频平台推广未达预期

- **转化率短板：** 在XX短视频平台投放的15条推广视频中，总播放量5万次，但实际转化（留资/下单）仅**500人次**，转化率**1%**，低于行业基准值（3%-5%）。
- **流量成本对比：** 该平台单次点击成本（CPC）为¥2.5，高于社交媒体矩阵均值（¥1.8），ROI未达目标。

给 DeepSeek 发送消息

深度思考(R1) 联网搜索

DeepSeek 会基于你提供的信息，生成一份结构合理、重点突出的工作报告。报告会包含工作概述、具体成果（用数据说话）、问题分析和下一步计划等部分，使你的工作汇报更加专业和有说服力。

策划方案：创意与可行性并重

　　策划方案是创意与实操的结合，既需要新颖的构想，又需要缜密的执行规划。无论是活动策划、营销方案还是项目计划，都要求兼顾创意性和可行性。DeepSeek 在这方面也能提供有力的支持。

　　例如，如果你要为公司十周年庆典活动做策划，可以这样向 DeepSeek 提问：

　　"【角色设定】作为资深活动策划师，【详细任务描述】为公司的 10 周年庆典活动写一份策划方案。活动主题为'10 年同行，共铸辉煌'，旨在回顾公司 10 年发展历程，加强与员工、合作伙伴及客户的联系，提升公司品牌形象。活动预算 50 万元，场地定在公司园区内。参与人员主要是公司全体员工、重要合作伙伴及部分长期支持的客户。活动形式包含文艺表演、产品展示和交流晚宴。活动整体风格要大气、庄重，且具有科技感。【期望输出要求】请给出详细的活动流程、人员安排、场地布置建议及预算分配方案，2000 字左右。"

公司10周年庆典策划方案
主题：10年同行，共铸辉煌
时间：202X年XX月XX日（周六）14:00~21:00
地点：公司园区（主会场+户外展示区+宴会厅）
参与人数：约500人（员工300人、合作伙伴100人、客户100人）

一、活动目标

1. **回顾历程**：通过影像、表演等形式展现公司10年发展脉络。
2. **情感联结**：增强员工归属感，深化与合作伙伴及客户的信任关系。
3. **品牌传播**：通过科技感设计与媒体宣传，强化公司创新形象。
4. **促进合作**：搭建交流平台，推动业务资源对接。

二、活动流程及内容

（一）14:00~15:30 签到与自由参观

1. **签到环节**
   ○ **科技签到墙**：采用人脸识别或电子屏签名，生成专属纪念电子卡片。
   ○ **时光长廊**：布置10年大事记照片墙与里程碑展板，穿插员工留言互动屏。

DeepSeek会根据你的需求，生成一份全面的策划方案，包括活动背景、目标、主题、时间、地点、参与人员、活动流程、场地布置、预算分配等详细内容。方案中会融入创意元素，又确保执行的可行性，为你的策划工作提供有价值的参考。

商业推广文案：吸引眼球、促进转化

优秀的商业推广文案能够吸引目标受众的注意，传达产品价值，并促使他们采取行动。DeepSeek可以帮助你生成各类推广文案，无论是产品介绍、活动宣传还是品牌推广。

假设你需要为一款面向职场人士的智能办公软件创作推广文案，可以这样提问：

"【角色设定】作为专业的广告文案撰写人，【详细任务描述】为一款名为'效率星球'的面向职场人的智能办公软件创作推广文案。这款软件支持多人实时在线协作编辑文档，消息实时同步，能让团队沟通零延迟；还具备智能日程管理功能，自动整合会议安排、任务提醒，大大提升办公效率。【关键信息补充】目标用户是职场人士，文案要突出产品对他们工作的实际帮助。【期望输出要求】文案风格要专业且有吸引力，400字左右。"

效率星球：解锁高效办公的终极答案，让每一分钟都精准掌控

还在为低效会议、混乱协作和漏掉的任务抓狂？
职场人的时间，不该浪费在反复沟通和查找文件上。
效率星球——专为职场精英打造的智能办公平台，用「无缝协同」与「精准规划」重构你的工作节奏，让团队效率飙升50%！

为什么选择效率星球？

1. 多人协作零延迟，终结"文件迷宫"
- 支持百人同时在线编辑文档、表格，修改内容实时同步，无需反复传输版本；
- 聊天窗口与工作区深度绑定，@同事、划重点、批注修改，关键信息秒达；
- 历史版本自动归档，一键回溯三天前的方案，比翻聊天记录快10倍。

2. 智能日程管家，把时间还给重要的事
- 自动抓取邮箱、聊天群中的会议安排，3秒生成日程表，冲突时段智能提醒；
- 任务进度条可视化，Deadline前自动推送提醒，重要事项绝不"堆没"在待办清单；
- 下班前生成每日效率报告，帮你复盘时间黑洞，优化工作流。

"市场部跨10城协作项目，周期从2周缩短到5天！"
——某互联网公司张经理，效率星球深度用户

职场高效法则：让工具适配人，而非人被工具绑架
- **5分钟极速上手**：无需培训，界面如聊天软件般直观；
- **全平台无缝衔接**：电脑、手机、平板实时同步，出差途中也能掌控全局；

DeepSeek 发送消息

深度思考 (R1)　　联网搜索

DeepSeek 会生成一份吸引人的推广文案，突出产品的核心功能和价值，针对职场人士的痛点进行精准营销，文风专业而不失亲和力，能够有效吸引目标用户的注意并促

进转化。

使用技巧与注意事项

（1）提供足够背景信息：向 DeepSeek 提供尽可能详细的背景信息，包括文档类型、目的、目标受众、核心内容等，这样生成的内容才能更贴合实际需求。

（2）明确格式和风格要求：在提问中明确指出你期望的文档格式、语言风格、长度等要求，避免生成的内容与预期有较大差距。

（3）结合行业特点：不同行业的文档有不同的表达习惯和专业术语，告诉 DeepSeek 你所在的行业，让它生成更符合行业特点的内容。

（4）审核与优化：DeepSeek 生成的内容应视为初稿，你需要对其进行审核和必要的调整，确保内容准确无误，并符合实际情况。

（5）逐步完善：对于复杂的文档，可以先让 DeepSeek 生成框架或关键部分，再逐步填充和完善，这样能更好地控制内容质量。

通过上述方法，你可以充分利用 DeepSeek 在商务文档生成方面的强大能力，大幅提升工作效率，让烦琐的文档写作变得轻松简单。无论是法务合同、工作报告还是营销方案，DeepSeek 都能成为你的得力助手，帮助你在职场中更加游刃有余。

数据分析与深度洞察：精准锁定用户画像

在数字化时代，数据已成为企业决策的重要基础。然而，面对海量数据，如何快速提取有价值的信息，找出隐藏的规律和趋势，成为许多职场人的难题。DeepSeek 在这方面展现出了令人惊叹的能力，它不仅能帮助分析数据，还能挖掘深层洞察，为商业决策提供有力支持。

数据处理与分析的基本流程

使用 DeepSeek 进行数据分析，大致需要准备数据、构建提问、获取结果三个主要步骤。下面以一个电商销售数据分析的例子来说明这一流程。

（1）准备数据：首先，明确你需要分析的数据类型和范围。比如，你想分析过去一年电商平台的销售数据，包括不同类别产品的月度销售额、客户购买行为等信息。收集并整理好这些数据，确保数据格式清晰、完整。

（2）构建提问：根据你的分析需求，向 DeepSeek 提出具体问题。提问时可以遵循【数据背景阐述】+【明确的任务分析】+【期望的输出形式】这一提示词公式。例如：

"【数据背景阐述】我有一家电商平台过去12个月的销售数据，包含各产品类别（服装、电子产品、家居用品等）的月度销售额、订单量、客单价等信息。【明确的任务分析】请分析各产品类别的销售趋势，找出销售增长最快和最慢的类别，并分析可能的原因。同时，请识别销售额与季节性因素的关联。【期望的输出形式】希望得到数据分析报告，包含图表和文字解释，重点突出关键发现和可控的建议。"

（3）获取结果：DeepSeek会基于你提供的信息进行分析，生成包含图表、数据解读和建议的分析报告。你可以对结果进行审核，必要时追问细节或要求进一步分析。

电商平台销售数据分析报告

1. 数据概览

- **时间范围**：过去12个月（需假设具体日期范围，例如2023年1月~2023年12月）
- **分析维度**：各产品类别（服装、电子产品、家居用品）的月度销售额、订单量、客单价。
- **数据示例**（假设数据表）：

月份	类别	销售额（万元）	订单量	客单价（元）
2023-01	服装	120	4,800	250
2023-01	电子产品	200	2,000	1,000
......	......	......	......	......

2. 关键分析结果

2.1 各品类销售趋势与增长对比

图表1：各品类月度销售额趋势（折线图）

销售额趋势图

给 DeepSeek 发送消息

深度思考（R1）　　联网搜索

销售趋势图生成与分析

销售趋势分析是商业决策中的重要一环，它能帮助企业了解产品表现，及时调整销售策略。DeepSeek 能够根据销售数据生成直观的趋势图，并提供深入分析。

假设你经营一家母婴用品店，想了解店铺各类产品的销售趋势，可以这样向 DeepSeek 提问：

"【数据背景阐述】我有过去一年母婴用品店各类产品的月度销售数据，包含奶粉、纸尿裤、婴儿服装等产品的销售额。【明确的任务分析】请根据这些数据，分别生成奶粉、纸尿裤、婴儿服装这三类产品的月度销售额柱状图，对比它们的销售趋势。同时分析各产品的季节性波动和整体增长情况。【期望的输出形式】以柱状图形式呈现销售趋势，并附上文字分析，包括销售高峰、低谷的原因推测和调整建议。"

DeepSeek 会根据你的需求，生成销售趋势图，并提供详细的分析报告。报告可能包括以下内容：

·各产品类别的月度销售额柱状图，直观展示销售变化。

·销售高峰期和低谷期的识别与分析。

·季节性因素与销售额的关联分析。

· 整体增长趋势评估。

· 基于数据的销售策略调整建议。

这样的分析报告能够帮助你更好地理解店铺的销售情况，为库存管理、促销活动安排等决策提供数据支持。

用户购买行为挖掘与精准画像

除了销售趋势分析，了解用户的购买行为和偏好也是商业成功的关键。DeepSeek 能够帮助你挖掘用户数据中的隐藏模式，构建精准的用户画像，为精细化营销提供依据。

继续以母婴用品店为例，假设你想深入了解顾客的购买习惯，可以这样向 DeepSeek 提问：

"【数据背景阐述】我有近半年母婴用品店的用户购买记录，包含用户 ID、购买时间、购买的各类母婴产品及金额等信息。【明确的任务分析】请分析这些数据，找出购买频率较高的用户群体，以及他们经常一起购买的产品组合。同时，识别不同年龄段宝妈的消费偏好差异。【期望的输出形式】希望得到用户群体细分分析和产品关联性分析，包括高价值客户特征、常见产品组合和各年龄段用户的消费习惯对比。"

母婴店用户数据分析与运营建议

一、用户群体细分分析（RFM模型）

1. 高价值客户特征识别

- **R（Recency）**：近30天有消费的用户（母婴行业消费周期性强）
- **F（Frequency）**：月均消费≥3次（高频消耗品如奶粉/纸尿裤需求）
- **M（Monetary）**：累计消费金额Top 20%用户（客单价＞500元）
- 典型特征：
  - 偏好组合购买（如奶粉+辅食+洗护套装）
  - 夜间（20-23点）和周末下单比例高
  - 对会员积分和满减活动敏感

2. 用户分层运营建议

用户类型	占比	运营策略
高价值客户	15%	专属顾问/VIP特权/生日礼盒
潜力客户	25%	跨品类推荐/周期购提醒
流失风险客户	30%	召回礼券/育儿知识推送

二、产品关联性分析（Apriori算法）

1. 高频组合（示例）

组合	支持度	置信度	典型场景

给 DeepSeek 发送消息

深度思考 (R1)　　联网搜索

　　DeepSeek 会根据你的需求，进行深度数据挖掘，提供包括以下内容的分析报告：

·用户分层分析，识别高价值客户群体。

·产品关联性分析，发现常见的产品组合购买模式。

·不同年龄段用户的消费习惯和偏好对比。

·基于用户画像的精准营销建议。

·促销活动和产品组合推荐。

这样的分析能够帮助你更好地了解顾客，制定针对性的营销策略，提高促销效果和客户满意度。

市场调研报告一键生成

市场调研是企业了解市场环境、竞争状况和消费者需求的重要手段。传统的市场调研报告撰写往往耗时耗力，而 DeepSeek 能够帮助你快速生成专业的市场调研报告。

假设你想了解智能家居行业的市场情况，可以这样向 DeepSeek 提问：

"【数据背景阐述】我想了解当前智能家居行业的市场状况，包括市场规模、增长趋势、主要玩家、消费者偏

智能家居行业市场调研报告（2023）
——从硬件互联到生态重构，智能家居进入场景化竞争时代

一、行业概况：定义与核心驱动力

1.1 定义与范畴

智能家居（Smart Home）指通过物联网（IoT）、人工智能（AI）、云计算等技术，实现家居设备互联互通、自动化控制及场景化服务的生态系统。核心细分领域包括：

- 智能安防（摄像头、智能门锁）
- 智能家电（空调、冰箱、扫地机器人）
- 环境控制（照明、温湿度调节）
- 娱乐影音（智能音箱、家庭影院）
- 能源管理（智能插座、太阳能系统）

1.2 增长驱动力

- **技术成熟**：5G普及率超40%（GSMA 2023）、AI芯片成本下降50%（IDC 2022）
- **政策支持**：中国"十四五"规划明确智能家居为数字经济重点产业，欧盟拨款220亿欧元推进"绿色智能家居"改造
- **消费升级**：全球中高收入家庭占比增至35%（World Bank 2023），对便捷性、节能性需求激增

二、市场规模与增长趋势

2.1 全球市场全景

给 DeepSeek 发送消息

🧠 深度思考 (R1)   ⊕ 联网搜索

好和技术发展方向等。【明确的任务分析】请生成一份全面的智能家居市场调研报告，覆盖行业概况、市场规模、竞争格局、消费者画像、技术趋势和未来展望等方面。【期望的输出形式】希望报告结构清晰，内容翔实，包含必要的数据支持和案例分析，长度在 3000 字左右。"

DeepSeek 会根据你的需求，生成一份专业的市场调研报告，包括行业发展历程、市场规模数据、主要竞争者分析、消费者需求洞察、技术发展趋势和未来市场预测等内容。这样的报告能够帮助你快速了解行业全貌，识别市场机会，制定合理的业务策略。

数据可视化与图表生成

数据可视化是数据分析的重要手段，直观的图表能够更有效地传达数据中的信息和见解。DeepSeek 具备强大的数据可视化能力，能够帮助你将复杂数据转化为清晰的图表，提升报告和演示的专业度。

假设你需要为季度销售会议准备数据演示，可以这样向 DeepSeek 提问：

"【数据背景阐述】我有过去四个季度各产品线的销售业绩数据，包括销售额、增长率、市场份额等。【明确的任务分析】请帮我将这些数据可视化，生成包括销售趋势折线图、产品贡献饼图、市场份额对比条形图等在内的图表组合。【期望的输出形式】希望图表风格统一，色彩协调，重点突出，并附有简短的图表解读，适合用于季度销售会议演示。"

图表组合设计

1. 销售趋势分析 - 渐变折线图

📊折线图示例

- **图表结构**：X轴为季度，Y轴为销售额，不同产品线用渐变色色系区分（如深蓝到浅蓝）
- **视觉重点**：用高亮色（橙色）标注增长最快的产品线，添加峰值标注
- **解读示例**：

"Q2-Q3期间智能硬件产品线实现爆发式增长（+34%），主要受新品X系列推动；传统设备线呈现平稳态势，建议关注库存周转"

2. 产品贡献分析 - 环形饼图

📊饼图示例

- **图表结构**：环形设计，中心空白处显示总销售额数值
- **视觉重点**：份额 > 15%的板块用品牌主色，次要板块用灰度色，分离最大占比模块
- **解读示例**：

"解决方案业务贡献率达42%，持续担当现金牛角色；配件类产品占比不足5%，建议评估产品线优化可能性"

3. 市场份额对比 - 簇状条形图

📊条形图示例

- **图表结构**：横向分组条柱，左侧为本公司各产品线，右侧对应竞品
- **视觉重点**：本公司数据条使用品牌蓝+渐变效果，竞品使用中性灰色
- **解读示例**：

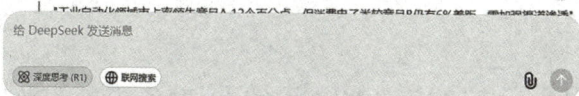

给 DeepSeek 发送消息

深度思考 (R1)　　🌐 联网搜索

DeepSeek 会根据你的需求，生成一系列专业的数据图表，帮助你更有效地传达销售业绩信息，使会议演示更加生动和有说服力。

使用技巧与注意事项

（1）明确分析目的：在向 DeepSeek 提问前，明确你的分析目的和期望获得的洞察，这样能够得到更有针对性

的分析结果。

（2）提供足够数据信息：尽可能详细地描述你的数据内容、结构和特点，这样 DeepSeek 能更准确地理解数据背景，提供更有价值的分析。

（3）分步骤提问：对于复杂的数据分析需求，可以将其分解为多个步骤，逐步提问，这样能够得到更深入和全面的分析结果。

（4）结合专业知识验证：DeepSeek 的分析结果应与你的专业知识和行业经验相结合，进行必要的验证和调整，确保结论的准确性和适用性。

（5）持续优化分析方向：根据初步分析结果，调整后续分析方向，挖掘更有价值的洞察，这是一个迭代优化的过程。

利用 DeepSeek 的数据分析能力，即使你不是数据专家，也能快速从数据中提取有价值的信息，发现潜在的商业机会和风险，为决策提供坚实的数据支持。无论是销售趋势分析、用户行为挖掘还是市场调研报告，DeepSeek 都能成为你强大的数据分析助手，帮助你在数据驱动的商业环境中保持竞争优势。

市场营销与活动策划：提升销量的秘密

在竞争激烈的商业环境中，有效的市场营销策略和吸引人的活动策划是企业提升品牌影响力和销售业绩的关键。然而，创意营销和活动策划往往需要丰富的经验和创新思维，对许多企业尤其是中小企业来说是一大挑战。DeepSeek 凭借其强大的创意生成和策略分析能力，能够成为你的营销智囊团，助力品牌营销与活动策划的全流程。

市场营销全流程支持

DeepSeek 能够在市场营销的多个环节提供支持，从创意构思、活动策划到传播推广，形成完整的营销闭环。下面我们将以一个品牌营销案例为例，说明 DeepSeek 如何在各个环节提供帮助。

创意构思阶段

在创意构思阶段，DeepSeek 能够帮助你进行品牌定位分析、目标用户研究和创意灵感激发，为后续的营销活动奠定基础。

假设你经营一家主打健康轻食的餐饮品牌，想要开展一次营销活动，提升品牌知名度和顾客忠诚度。你可以这样向 DeepSeek 提问：

"【品牌或活动基本信息阐述】我经营一家名为'轻享'的健康轻食餐饮品牌，主打低卡、营养均衡的轻食产品，目标客户是 25~35 岁的都市白领，特别是注重健康生活方式的女性消费者。【营销阶段及具体需求】现在处于创意构思阶段，需要一些创新的营销理念，能够突出品牌的健康定位，并与目标用户产生情感连接。【目标或预期效果】希望提升品牌知名度和顾客忠诚度，增加客流量和复购率。"

DeepSeek 会根据你的品牌定位和目标用户特征，提供一系列创新的营销理念，例如：

·"轻食轻生活"主题活动，强调健康饮食与生活品质的关联。

·与健身 App 或瑜伽工作室合作，创建联合会员计划。

·开发"轻享定制餐盒"服务，根据顾客的健康目标和口味偏好定制菜单。

·"轻食 21 天挑战"社交媒体活动，鼓励顾客分享健康饮食成果。

·季节性特别菜单，结合当季新鲜食材和健康饮食趋势。

这些创意理念为你的营销活动提供了多种可能性，帮助你找到最适合品牌定位和目标用户的营销方向。

活动策划阶段

确定了营销理念后，接下来需要进行具体的活动策划，包括活动内容、流程、时间安排、资源需求等。DeepSeek 能够帮助你制订详细的活动策划方案。

继续以"轻享"餐饮品牌为例，假设你决定实施"轻食 21 天挑战"营销活动，可以这样向 DeepSeek 提问：

"【品牌或活动基本信息阐述】我决定为'轻享'健康轻食品牌开展'轻食 21 天挑战'社交媒体活动，目标是鼓励顾客在 21 天内保持健康饮食习惯，并分享健康生活成果。【营销阶段及具体需求】现在需要一份详细的活动策划方案，包括活动规则、奖励机制、内容日历、参与方式和预期效果等。活动预算为 5 万元。【目标或预期效果】希望通过这个活动增加社交媒体曝光度，吸引新客户，同时提升现有顾客的参与度和忠诚度。"

DeepSeek 会生成一份全面的活动策划方案，包括：

· 活动概述和目标。

· 详细的活动规则和参与方式。

· 21 天的内容日历，每天的主题和挑战内容。

· 社交媒体互动机制和话题标签。

· 奖励体系设计，包括阶段性奖励和最终大奖。

· 合作伙伴和关键意见领袖（KOL）推广计划。

· 活动预算分配。

· 效果评估指标和追踪方法。

· 潜在风险和应对措施。

这样的策划方案不仅详细可行，还考虑到了活动的各个方面，为活动的顺利执行提供了清晰的路线图。

传播推广阶段

活动策划完成后，需要进行有效的传播推广，确保信息能够触达目标受众，引发广泛关注和参与。DeepSeek 能够帮助你制定传播策略和内容计划。

继续以"轻食 21 天挑战"活动为例，你可以这样向 DeepSeek 提问：

"【品牌或活动基本信息阐述】'轻享'健康轻食品牌的'轻食 21 天挑战'活动已经策划完成，现在需要进行传播推广。我们的主要传播渠道包括微信公众号、微博、小红书和抖音。【营销阶段及具体需求】请帮我制订一份为期一个月的传播推广计划，包括各平台的内容主题、发布时间、互动策略，以及与 KOL 合作的具体方案。【目标或预期效果】希望在活动开始前建立足够的预热效果，活动期间保持热度，活动结束后形成持续传播。"

DeepSeek 会为你提供一份详细的传播推广计划，包括：

· 各平台的内容日历，明确每天的发布主题和时间。

· 差异化的内容策略，根据各平台特点和用户习惯调整内容形式。

· KOL 合作方案，包括适合的 KOL 类型和合作方式。

· 互动策略，如话题标签、挑战接力、用户作品征集等。

· 社群运营建议，如建立参与者微信群，增强活动凝聚力。

· 数据监测和优化建议，根据实时数据调整推广策略。

这样的传播推广计划能够确保活动信息有效触达目标受众，最大化活动效果。

活动效果评估与优化

营销活动执行后，评估活动效果并持续优化是提升营销投资回报率（ROI）的关键。DeepSeek 能够帮助你分析活动数据，评估效果，并提供优化建议。

假设"轻食 21 天挑战"活动已经进行了两周，你希望评估当前效果并进行必要的调整，可以这样向 DeepSeek 提问：

"【品牌或活动基本信息阐述】'轻享'的'轻食21天挑战'活动已经进行了两周，根据数据统计，参与人数达到1000人，社交媒体提及量5000次，新增粉丝800人，但参与者的坚持率只有60%，低于预期的80%。【营销阶段及具体需求】请帮我分析活动效果，找出坚持率低的可能原因，并提供后半程活动优化建议，确保活动效果最大化。【目标或预期效果】希望提高参与者坚持率，增加活动话题讨论度，最终达成预设的营销目标。"

DeepSeek会基于你提供的数据，进行深入分析并提供优化建议，例如：

·坚持率低的可能原因分析：如挑战难度过高、缺乏及时激励、互动感不足等。

·针对性的优化建议：如调整后半程挑战难度、增加中期奖励、加强社群互动等。

·传播策略调整：如增加成功案例分享、邀请KOL进行中期互动等。

·数据追踪重点：需要重点关注的指标和数据变化。

这样的分析和建议能够帮助你及时调整活动策略，提高活动效果，达成预期的营销目标。

品牌推广文案一键生成

除了整体营销活动的策划，DeepSeek 还能为你生成各类品牌推广文案，包括产品介绍、品牌故事、宣传口号等，帮助你塑造一致且有吸引力的品牌形象。

假设你想为"轻享"健康轻食品牌创作一系列品牌推广文案，可以这样向 DeepSeek 提问：

"【品牌或活动基本信息阐述】'轻享'是一家主打健康轻食的餐饮品牌，主打低卡、营养均衡的轻食产品，目标客户是 25~35 岁的都市白领，尤其是注重健康生活方式的女性消费者。品牌理念是'轻食，不只是吃得轻，更是活得轻盈自在'。【营销阶段及具体需求】请为品牌创作一系列推广文案，包括品牌故事，核心产品介绍（水果沙拉、能量轻食碗、蛋白质轻食三明治）和社交媒体宣传语。【目标或预期效果】文案风格要清新、温暖、有格调，能唤起目标用户对健康生活的向往，同时突出产品的美味和营养价值。"

DeepSeek 会根据你的需求，生成一系列风格统一、有吸引力的品牌推广文案，帮助你塑造专业且个性化的品牌形象，提升品牌认知度和美誉度。

社交媒体内容日历规划

持续的社交媒体运营是品牌建设的重要组成部分，但许多企业常常苦于内容创意不足或缺乏系统规划。DeepSeek 能够帮助你制订完整的社交媒体内容日历，确保内容的连贯性和多样性。

假设你想为"轻享"品牌规划一个月的社交媒体内容，可以这样向 DeepSeek 提问：

"【品牌或活动基本信息阐述】'轻享'健康轻食品牌需要一份下个月的社交媒体内容日历，主要平台包括微信公众号（每周 2 篇）、微博（每天 1~2 条）、小红书（每周 3 篇）和抖音（每周 2 个视频）。【营销阶段及具体需求】请规划一个月的内容主题和发布计划，包括常规内容（如产品介绍、健康知识分享），互动内容（如话题讨论、用户作品征集）和近期的节日相关内容。【目标或预期效果】内容要丰富多样，既能展示品牌专业性，又能增强用户互动和参与感，提升粉丝黏性。"

DeepSeek 会为你制订一份详细的社交媒体内容日历，包括每个平台的发布主题、时间和内容概要，确保内容既有规律性又有新鲜感，持续吸引用户关注和互动。

使用技巧与注意事项

（1）明确目标和定位：在向 DeepSeek 提问前，明确你的品牌定位、目标受众和营销目标，这样能够获得更有针对性的策划方案。

（2）提供充分背景：详细描述品牌特点、产品优势、目标受众特征和市场环境，这些背景信息能帮助 DeepSeek 生成更符合实际的营销策略。

（3）分阶段提问：对于完整的营销活动，可以按照创意构思、活动策划、传播推广等阶段分别提问，这样能够得到更深入和全面的策划方案。

（4）结合实际情况调整：DeepSeek 提供的方案应结合你的实际资源、能力和市场情况进行必要的调整，确保方案的可行性和有效性。

（5）持续优化和迭代：营销是一个持续优化的过程，根据实际执行效果，不断向 DeepSeek 提供反馈和新需求，进行策略调整和方案优化。

通过 DeepSeek 的市场营销支持能力，即使你不是营销专家，也能策划和执行专业的营销活动，提升品牌影响力和销售业绩。无论是创意构思、活动策划、传播推广还是内容创作，DeepSeek 都能成为你的营销智囊团，帮助你在竞争激烈的市场中脱颖而出。

项目管理与团队协作：用 AI 驱动的任务分配与进度追踪

还在为项目进度滞后、团队沟通不畅而头疼吗？DeepSeek 将彻底改变你的项目管理方式！

一键生成项目计划书

无须再花费数小时编写冗长的项目计划，只需向 DeepSeek 描述你的项目目标、时间线和资源限制，它就能生成一份专业的项目计划书。试试这个提示词：

"帮我制订一个为期 3 个月的新产品上市项目计划，

新产品上市项目计划制定

以下是针对新产品上市的3个月项目计划框架，整合市场调研、产品开发、营销策略及发布会安排，结合50万元预算及团队分工：

一、项目整体时间轴（12周）

阶段划分：
- 第1-2周：市场调研与需求确认
- 第3-6周：产品开发与测试
- 第7-9周：营销筹备与渠道铺设
- 第10-12周：发布会执行与上市推广

二、分阶段执行计划与预算分配

阶段1：市场调研与需求确认（第1-2周）

目标：验证产品定位、用户痛点和竞品策略。

任务：
1. 用户调研（市场专员主导）：
   - 线上问卷（预算5k，覆盖1000+样本）
   - 焦点小组访谈（2场，预算1万，邀请20名目标用户）
2. 竞品分析（设计师+市场专员）：

给 DeepSeek 发送消息

深度思考 (R1)　联网搜索

包括市场调研、产品开发、营销策略和发布会安排。预算约 50 万元，团队成员包括 5 名开发人员、2 名设计师和 3 名市场专员。"

智能分解任务与分配

大型项目往往包含众多环节，DeepSeek 可以帮你科学分解任务，并根据团队成员特长提供分配建议：

"请将'公司年度客户满意度调研'项目分解为具体任务，并为一个包含数据分析师、市场专员和客服主管的团队提供任务分配建议。"

年度客户满意度调研任务分解与分工

以下是针对"公司年度客户满意度调研"项目的任务分解及团队分工建议，采用科学的工作分解结构（WBS）方法，结合各岗位专业优势进行资源配置：

一、项目阶段划分（5个阶段）

总周期建议：6-8周

阶段1：需求确认与方案设计（1周）

1.1 确认调研目标（提升方向/痛点诊断/竞品对比）
1.2 确定调研范围（客户分类/区域分布/产品线）
1.3 设计调研方案（定量问卷+定性访谈结合）
1.4 制定时间节点与资源预算

阶段2：工具开发与测试（2周）

2.1 问卷设计（封闭式问题+开放式问题）
2.2 访谈大纲制定（关键客户深度访谈）
2.3 线上系统搭建（问卷星/SurveyMonkey配置）
2.4 预测试与优化（30份样本测试）

阶段3：数据采集（2周）

3.1 多渠道推送（邮件/SMS/APP弹窗/电话）
3.2 重点客户访谈实施（录音+文字记录）
3.3 响应率监控与二次触达
3.4 数据清洗与去重

阶段4：数据分析（1.5周）

给 DeepSeek 发送消息

深度思考 (R1)　　联网搜索

进度追踪与风险预警

项目执行中，让 DeepSeek 成为你的"风险雷达"。每周向它汇报进度，它会帮你分析可能的风险点并提供解决方案：

"我们的电商改版项目已完成设计阶段，但开发进度落后 30%，测试团队反馈前端兼容性存在问题。帮我分析风险并提出应对建议。"

电商改版项目进度与兼容性风险分析

一、核心风险分析

1. 开发进度滞后30%

- **潜在影响**：可能压缩测试时间、导致交付延期、增加成本、影响用户体验和市场计划。
- **原因推测**：
  - 需求变更频繁或技术方案反复调整
  - 技术复杂度被低估（如第三方接口对接、性能优化）
  - 开发资源不足或协作效率低下
  - 外部依赖（如设计稿交付延迟、服务端接口未就绪）

2. 前端兼容性问题

- **潜在影响**：用户流失、投诉率上升、品牌口碑受损、测试返工周期延长。
- **典型场景**：
  - 老旧浏览器（如IE11）布局错乱
  - 移动端不同分辨率适配问题
  - 第三方插件（如支付控件）兼容性冲突

二、应对建议

1. 开发进度追赶策略

- **(1) 优先级重构**
  - 与产品负责人共同梳理需求，采用 **MoSCoW法则** 划分优先级：
    - **Must Have**：核心交易流程（商品详情页、购物车、支付）
    - **Should Have**：次要功能（评价模块、推荐算法）

给 DeepSeek 发送消息

深度思考 (R1)   🌐 联网搜索

团队协作文档一站式解决

利用 DeepSeek 生成各类团队协作文档，从会议记录到周报，再到团队建设活动策划，一个 AI 全部搞定：

"生成一份团队周会纪要模板，包括项目进度回顾、问题讨论、下周计划和资源需求四个部分。"

团队周会纪要模板设计

以下是一份简洁实用的团队周会纪要模板，您可根据实际需求调整内容：

团队周会纪要
日期： YYYY-MM-DD
时间： HH:MM - HH:MM
地点： 线上/线下
主持人： [姓名]
参会人员： [姓名1]、[姓名2]、[姓名3]…

一、项目进度回顾

项目/任务	负责人	计划进度	实际进度	备注（延迟原因/调整措施）
项目A	张三	完成80%	完成70%	因需求变更需延长开发时间
任务B	李四	验收完成	已验收	-

二、问题讨论

问题描述	责任人	解决方案	解决时间	状 ⌄

给 DeepSeek 发送消息

🔲 深度思考 (R1)　🌐 联网搜索　　　　　　　📎 ⬆

会议效率革命：从会议记录到行动方案的全流程优化

你是否厌倦了低效会议和模糊不清的会后跟进？DeepSeek 正在重新定义会议流程！

会议准备神器

告别匆忙准备的会议！让 DeepSeek 帮你生成专业的会议议程和材料：

"明天我需要主持一个关于季度销售策略的会议，参会人员包括销售总监、市场部主管和四位区域经理。请生成一份会议议程和我作为主持人的发言提纲。"

季度销售策略会议议程与主持提纲

以下是针对季度销售策略会议的议程及主持人发言提纲模板，您可根据实际情况调整使用：

季度销售策略会议议程

时间： XX月XX日 上午9:00-11:00
参会人员： 销售总监、市场部主管、4位区域经理
会议目标：

1. 复盘上季度销售业绩与问题
2. 明确本季度销售目标与核心策略
3. 协调市场部与区域团队的资源分配
4. 制定具体行动计划与责任分工

会议议程

时间	环节	内容概要	负责人
9:00-9:10	开场与目标同步	主持人说明会议目标与流程	主持人
9:10-9:35	上季度业绩复盘	– 整体销售数据通报（销售总监） – 区域亮点与痛点（区域经理轮流	销售总监、区域经理

给 DeepSeek 发送消息

深度思考（R1）　　联网搜索

实时会议记录与总结

将会议录音转文字后，DeepSeek 能迅速提取关键信息，生成结构化的会议纪要：

"这是一段 60 分钟的产品开发会议录音转写文本，请提取关键决策点、讨论要点和分配的任务，生成一份简洁的会议纪要。"

产品开发会议纪要生成模板

以下是一份简洁的会议纪要模板，您提供录音文本后我可快速生成内容。结构示例如下：

产品开发会议纪要
时间： [会议日期]
时长： 60 分钟
参会人员： [核心成员列表]

一、关键决策点

1. **[功能迭代]**
   - 确定优先开发[XX功能]，采用[技术方案A]（投票通过率85%）
   - 上线时间锁定[202X.X.X]，需提前2周完成灰度测试
2. **[资源分配]**
   - 批准追加[XX模块]开发预算15%，由财务部同步流程

二、核心讨论要点

1. **用户体验优化争议**
   - 争议焦点：首页改版是否保留传统导航模式
   - 结论：AB测试验证，数据驱动最终方案（PM牵头）
2. **技术风险评估**
   - 后端团队预警[XX接口]存在并发瓶颈，需架构组专项突破

三、任务分派及责任人

任务内容	责任人	交付时间	协同部门

给 DeepSeek 发送消息

深度思考 (R1)   联网搜索

行动计划追踪表

会议结束不是终点，而是行动的开始。DeepSeek 能将会议中的讨论转化为明确的行动计划：

"根据会议纪要，生成一份行动计划追踪表，包括任务描述、负责人、截止日期和优先级。"

产品开发会议纪要生成模板

以下是根据会议纪要生成的结构化行动计划追踪表模板：

产品开发行动计划追踪表

任务描述	负责人/部门	截止日期	优先级	状态
开发XX功能（技术方案A）	开发组@张XX	202X.X.X前	P0	待启动
灰度测试方案执行	测试组@陈XX	202X.X.X-2周	P0	规划中
追加XX模块预算审批	财务部@赵XX	8月25日	P1	进行中
首页导航AB测试设计	产品组@王XX	8月22日	P1	待分配
用户画像数据更新	数据分析组@李XX	8月20日	P2	已完成
突破XX接口并发瓶颈	架构组@周XX	9月5日	P0	阻塞
第三方SDK商务条款确认	商务总监@吴XX	8月28日	P1	待跟进
补充用户调研200样本	市场部@郑XX	8月30日	P2	未开始

优先级说明

- P0（紧急）：直接影响核心功能交付/存在重大风险
- P1（高）：关键路径依赖任务
- P2（常规）：优化类/非紧急任务

可扩展性设计

1. 支持后续添加「完成进度%」「风险预警」列

给 DeepSeek 发送消息

深度思考 (R1)　联网搜索

内容由 AI 生成，请仔细甄别

会议效率分析与优化

对于定期会议，让 DeepSeek 分析会议模式并提供优化建议：

"分析我们团队每周例会的模式，会议通常持续90分钟，但感觉效率不高。请提供3~5条具体的会议优化建议。"

团队周例会效率提升优化建议

以下是针对90分钟周例会效率提升的5条优化建议，附带实施方法和预期效果。

1. 结构化议程管理

- 会前24小时发放含时间分配的电子议程（示例：项目进展10分钟/人×3人，风险讨论20分钟，决策事项15分钟，总结5分钟）
- 使用颜色标注（绿色：信息同步/黄色：讨论事项/红色：决策项）
- 设置"停车场"板块记录偏离议题，会后单独处理
  ▶ 效果：减少40%无效讨论时间，提升议题聚焦度

2. 站立式会议+计时工具

- 前60分钟采用站立模式（生理性时间压力提升专注度）
- 后30分钟落座处理复杂议题
- 使用可视倒计时器（如TimeTimer实体钟或Zoom插件）
  ▶ 效果：缩短25%单议题耗时，减少15%的无关发言

3. 角色分工机制

- 固定角色轮值：主持人（控流程）、记录员（实时共享纪要）、计时员（举牌提醒）
- 设置"魔鬼代言人"角色（每期轮换，负责提出反对视角）
  ▶ 效果：提升33%决策质量，减少75%的重复性讨论

4. 异步预沟通系统

▼

给 DeepSeek 发送信息

🅡 深度思考 (R1)   🌐 联网搜索   📎 ⬆

让 AI 成为你的会议助手，从此告别"会议没完没了"的职场噩梦！

工作流程自动化：减少 80% 重复劳动的 DeepSeek 技巧

重复性工作正在偷走你的创造力和时间！借助 DeepSeek，你可以实现智能工作流程自动化，把时间花在真正有价值的事情上。

识别可自动化的工作流程

首先，让 DeepSeek 帮你分析日常工作中哪些环节适合自动化：

"我是一名市场专员，日常工作包括：撰写社媒内容、整理客户反馈、生成周报、回复标准客户邮件和数据分析。帮我分析哪些工作适合用 AI 自动化，并提供具体实施方案。"

市场专员AI自动化工作优化方案

作为市场专员，你的日常工作中有许多重复性、规则性强的任务非常适合通过AI自动化来提升效率。以下是针对你各项工作的AI自动化潜力分析及具体实施方案。

一、适合AI自动化的工作分析

1. 撰写社媒内容

- **痛点**：高频输出、创意枯竭、时间消耗大。
- **AI适用性**：AI可生成初稿、提供灵感、优化文案。
- **工具推荐**：ChatGPT、Jasper、Copy.ai、Canva Magic Write。
- **实施方案**：
  - 步骤1：用ChatGPT输入关键词生成文案草稿（如"生成3条夏季促销的Instagram文案，风格活泼"）。
  - 步骤2：结合工具分析历史数据（如Hootsuite或Buffer）优化发布时间和话题。
  - 步骤3：用Canva Magic Write生成图文结合的视觉化内容。

2. 整理客户反馈

- **痛点**：数据分散、手动分类耗时、情感分析困难。
- **AI适用性**：自动分类、情感分析、生成摘要。
- **工具推荐**：MonkeyLearn、Google Cloud NLP、Airtable。

给 DeepSeek 发送消息

深度思考 (R1)　　联网搜索

邮件回复模板库

告别反复编写类似邮件的烦恼，DeepSeek 可以为你生成一套邮件模板库：

"请为一家电商客服部门创建 10 个最常用的客户邮件回复模板，包括退款申请、产品咨询、配送延迟等场景。"

电商客服邮件回复模板设计

以下是为电商客服部门设计的10个高频客户邮件回复模板，涵盖常见场景并保持专业友好的语气：

模板1：退款申请确认（自动回复）

主题：您的退款请求已受理 [订单号：XXXX]

尊敬的[客户姓名]，

感谢您联系我们！我们已收到您对订单[订单号]的退款申请，预计在3-5个工作日内完成审核。审核结果将通过邮件通知您。如有疑问，可随时回复本邮件。

感谢您的耐心！

[客服姓名]

[电商品牌]客服团队

模板2：退款申请被拒（政策不符）

主题：关于订单[XXXX]退款的说明

尊敬的[客户姓名]，

很抱歉，经核实您的商品不符合[7天无理由退货/完好包装]政策（具体说明原因）。如需进一步协商，请提供商品照片或补充信息至本邮箱。

感谢您的理解！

[客服姓名]

[电商品牌]客服团队

模板3：产品咨询回复（参数/功能）

主题：关于[产品名称]的详细解答

尊敬的[客户姓名]，

感谢您的咨询！[产品名称]的[具体参数/功能]为：[详细说明]。您也可访问产品页（附链接）查看图文。

给 DeepSeek 发送消息

深度思考 (R1)　　联网搜索

数据处理与报告生成

数据处理不再烦琐，将原始数据描述给 DeepSeek，它能帮你提取洞见并生成报告：

　　"我有一份上个季度的销售数据（包含产品类别、销售区域、销售额等信息），请帮我分析销售趋势并生成一份包含关键发现和建议的销售分析报告框架。"

销售数据分析报告框架生成

以下是一个结构清晰的销售分析报告框架模板，您可根据实际数据情况填充具体内容：

―――――――――――――――――――――――――――――――

销售分析报告框架

报告周期： [XXXX年XX季度]

―――――――――――――――――――――――――――――――

一、核心数据概览

1. 季度总销售额：XXX万元（同比/环比增长X%）
2. 产品类别占比：
   - 类别A：XX%
   - 类别B：XX%
   - 类别C：XX%
3. 区域销售贡献：
   - 区域1：XX%
   - 区域2：XX%
   - 区域3：XX%

二、关键趋势分析

1. 产品维度
   - **明星产品：** 类别A销售额同比增长XX%，主要驱动力为[具体原因，如定价策略、市场需求等]。
   - **潜力产品：** 类别B环比增长XX%，但市场渗透率仍有提升空间。
   - **问题产品：** 类别C销售额下降XX%，需关注[库存积压/竞争替代品]等因素。
2. 区域维度

給 DeepSeek 发送消息

深度思考 (R1)　　联网搜索

多平台内容一键适配

　　一次创作，多平台发布。DeepSeek 能帮你将同一内容调整为适应不同平台的格式：

　　"我写了一篇关于'远程工作效率提升'的文章，请帮我将其改写为：①微信公众号文章，②知乎回答，

③领英（LinkedIn）职场帖，以及④内部培训材料。"

远程工作效率提升多平台内容创作

以下是为不同平台适配的四种内容版本，保持核心信息一致的同时调整了表达方式和结构。

1. 微信公众号文章

📢【远程办公效率翻倍的5个秘诀】打工人必看！🏠

最近收到很多粉丝私信，"在家办公总摸鱼怎么办？"今天这篇干货教你用科学方法提升200%效率！

🔖 划重点：

✅ 仪式感工作法：睡衣换掉！专属工位搞起来

✅ 番茄钟黑科技：25分钟专注挑战赛

✅ 云端协作神器：石墨文档+腾讯会议黄金搭档

📍 实测案例：

@运营小张 用"三只青蛙法则"，每天多出2小时陪娃！

（附工作区布置美图+周计划模板）

⚠️ 警惕！90%人踩过的坑：

❌ 床=办公区　❌ 24小时待命　❌ 只沟通不记录

🎁 文末福利：

回复"远程礼包"领取《居家办公效率手册》电子版+精选书单！

#职场进阶 #效率工具 #居家办公

给 DeepSeek 发送消息

⊗ 深度思考 (R1)　⊕ 联网搜索

工作自动化不是为了让你失业，而是让你有时间专注于真正需要人类智慧和创造力的任务！

职场演讲与 PPT：让你的汇报脱颖而出的 AI 助力

还在为制作 PPT 而熬夜加班？不知道如何让你的演讲内容更有说服力？DeepSeek 将彻底改变你的演示文稿制作流程！

PPT 内容策划与大纲设计

优秀的 PPT 始于清晰的大纲。让 DeepSeek 帮你规划内容框架：

"我需要做一个 15 分钟的'2024 年第一季度销售业绩'汇报，听众是公司高管。请设计一个详细的 PPT 大纲，包括必要的章节、每页幻灯片的核心内容和建议的视觉元素。"

电商改版项目进度与兼容性风险分析

封面页（1页）

核心内容：

- 主标题：2024 Q1销售业绩汇报
- 副标题：突破与挑战并存，聚焦增长新动能
- 公司LOGO、日期、汇报人姓名

视觉建议：

- 背景用公司品牌色渐变 + 动态粒子流动效果（隐喻数据流动与增长）
- 标题文字用粗体无衬线字体（如Arial Black）突出力量感

目录页（1页）

核心内容：

- 逻辑框架：
  1. 核心指标总览
  2. 区域市场表现
  3. 产品线竞争力分析
  4. 客户分层洞察
  5. 关键挑战与Q2策略

  视觉建议：
- 用5个模块化图标（如仪表盘、地图、产品立方体、人群剪影、旗帜）配合简洁文字
- 底部时间轴动效展示Q1关键节点（如促销活动、产品上线）

Page 1：核心指标总览（1页）

给 DeepSeek 发送消息

深度思考 (R1)　联网搜索

关键信息提炼与结构优化

面对复杂信息，DeepSeek 能帮你提炼核心观点：

"我有一份 38 页的市场调研报告，需要在团队会议上做 5 分钟简报。请帮我提取最关键的 3~5 个发现，并设计一个简洁有力的 PPT 结构，确保信息既全面又不会让听众感到信息过载。"

电商改版项目进度与兼容性风险分析

第一步：提取最关键的3-5个发现（筛选逻辑）

1. **颠覆性结论**：与团队原有认知冲突的数据
2. **行动杠杆点**：能直接指导下一步策略的信息
3. **风险预警**：可能对业务产生重大威胁的信号
4. **机会亮点**：未被充分利用的增长突破口

示例输出（需根据实际报告调整）：

1. 「下沉市场爆发」：三四线城市需求增速达一线城市的2.3倍（原假设：一线仍为主力）
2. 「品类认知错位」：消费者对我们旗舰产品的"性价比"标签强度超"科技感"50%（威胁品牌高端化）
3. 「隐形竞争对手」：跨境电商平台通过定制商品抢走20%年轻客群（传统分析未覆盖该渠道）
4. 「服务敏感点」：73%用户因「退换货体验」放弃复购（原认为价格是首要因素）

第二步：PPT结构设计（5分钟≈6页）

封面页（10秒）

- 主标题：2024市场关键破局点
- 副标题：基于XX样本量的三大行动洞察
- 视觉：城市剪影+向上箭头（隐喻市场层级与增长）

Page 1：核心结论地图（20秒）

- 视觉：3个磁吸式卡片悬浮于中国地图上
  - 卡片1：三四线增速（用热力红标注）
  - 卡片2：退换货=73%流失根源（▲图标强化）
  - 卡片3：跨境电商抢客20%（⚡闪电图标警示）

给 DeepSeek 发送消息

深度思考(R1)　联网搜索

故事化叙事框架

让数据不再枯燥,DeepSeek 帮你构建引人入胜的叙事:

"我要向潜在投资者展示我的创业项目'智能家居控制系统'。请设计一个遵循'问题—解决方案—证明—行动'叙事框架的 PPT 大纲,重点突出市场痛点和我们独特的技术优势。"

封面

标题: 重新定义智慧生活 - XX智能家居控制系统
副标题: 用跨生态协同AI破解智能家居碎片化困局
视觉: 智能家居场景动态概念图

Part 1: 问题 (12分钟)

1. 市场痛点图谱

- 数据切入:
  "Statista数据显示,78%智能家居用户面临『生态孤岛』问题,平均每个家庭使用3.2个不兼容的控制平台"
- 痛点拆解:
  - ▶ 设备碎片化: WiFi/蓝牙/Zigbee多协议割裂
  - ▶ 操作复杂化: 需切换5+APP控制不同设备 (对比图)
  - ▶ 安全隐患: 中心化云架构导致隐私泄露事件年增120%
  - ▶ 能源浪费: 缺乏智能联动的设备导致30%无效能耗

2. 竞争格局盲区

- 现有方案局限:
  - ▢ 头部品牌 (展示品牌LOGO) 封闭生态策略
  - ▢ 第三方平台停留在简单联动层面
  - ▢ 语音助手存在5m+有效唤醒距离限制

Part 2: 解决方案 (15分钟)

1. 技术架构突破

给 DeepSeek 发送消息

⊗⊗ 深度思考 (R1)   ⊕ 联网搜索   📎 ⬆

演讲稿与 PPT 协同设计

让 PPT 和演讲稿相得益彰,DeepSeek 帮你完美配合:

"我将在行业论坛发表'数字化转型'主题演讲。请同时设计 PPT 大纲和演讲稿，确保两者相互配合，PPT 呈现关键要点，而演讲稿提供更丰富的解释和案例。"

智能家居控制系统PPT大纲设计

PPT大纲

封面

标题：数字化转型：从技术叠加到价值重生的跃迁

副标题：基于217家企业转型实践的范式升级

视觉：破碎齿轮重组为数字神经网络的动态过程

Part 1: 认知革命 (8页)

- 现状诊断：
  Gartner数据：73%数字化转型项目停滞在试点阶段

- 三大认知误区：
  ① "ERP上云=数字化转型" (传统企业案例对比图)
  ② "数字部门负责制" (组织架构对比矩阵)
  ③ "技术先行论" (麦肯锡转型失败因素金字塔)

Part 2: 路径重构 (12页)

- 新铁三角模型：
  业务价值锚点 × 数据飞轮设计 × 组织进化速率

- 关键技术杠杆：
  ▶ 数字孪生的二次曲线效应 (汽车工厂改造前后对比)
  ▶ AI Agent重构工作流 (保险理赔流程压缩示意图)
  ▶ 区块链构建价值互联网 (跨境贸易结算案例)

Part 3: 案例解码 (6页)

- 传统制造突围

给 DeepSeek 发送消息

深度思考 (R1)　　联网搜索

PPT 制作实用提示词

收藏这些提示词模板，快速生成各类专业 PPT 大纲：

（1）业务汇报型

"帮我制作一个'【业务名称】季度回顾'的 PPT 大纲，

需包含绩效数据、挑战分析、成功案例和下季度规划四个部分。"

（2）项目提案型

"请设计一个说服【目标决策者】批准【项目名称】的 PPT 大纲，强调问题严重性、解决方案可行性、投资回报和实施时间线。"

（3）培训教学型

"为'【培训主题】'设计一个90分钟的培训 PPT 大纲，包含概念介绍、实操指南、案例分析和互动环节，目标受众是【受众描述】。"

无论是例行汇报还是关键提案，DeepSeek 都能帮你在 PPT 制作上事半功倍，让你的思想通过清晰有力的视觉呈现打动每一位听众！

第 3 章

内容创作

打造个人 IP 与品牌影响力

爆款文案写作：让阅读量暴增的秘诀

"花了一整天写文案，却只有几十个人看到"，这样的困境是不是很熟悉？在信息爆炸的时代，优质内容已不再稀缺，稀缺的是能够突破重重信息壁垒、真正触达用户的内容。无论是运营社交媒体、撰写公众号文章，还是策划营销活动，都需要有吸引力的文案来抓住受众的注意力。借助 DeepSeek 的强大能力，你可以轻松创作出引人入胜的爆款文案，让阅读量从寥寥数百飙升至数万甚至更多。

核心秘诀：精准提问，事半功倍

在使用 DeepSeek 创作文案之前，了解"一步生成公式"是提高效率的关键。这个公式不是指简单地输入"帮我写篇文案"这样模糊的指令，而是构建一个包含关键要素的精准提问。

一个有效的文案提问公式应该包含以下要素：

·目标受众：谁会阅读这篇文案。

·内容主题：文案要传达什么核心信息。

·传播平台：文案将在哪里发布？每个平台有其独特的风格和要求。

·情感诉求：希望读者看完有什么感受。

·语言风格：正式、轻松、幽默还是专业。

·长度限制：字数要求或篇幅期望。

让我们来看一个实际案例。假设你要为一款新上市的护肤品写一篇小红书推广文案，使用模糊提问和精准提问的效果会有天壤之别：

模糊提问：

"帮我写一篇护肤品的小红书文案。"

精准提问：

"请以专业美妆博主的口吻，为一款主打'温和修复'的新上市精华液创作一篇小红书风格的测评文案。目标受众是 25~35 岁的都市女性，她们关注成分党和敏感肌护理。文案需包含使用前后对比、核心成分解析和个人真实感受，突出产品的温和无刺激和修复效果。需要 2~3 个吸引人的标题选项，正文 800 字左右，语言风格要真诚但略带专业感，最后加上号召性用语。"

从对比可以看出，精准提问生成的文案更具针对性、专业性和情感感染力，更符合小红书平台特点，也更容易引起目标受众的共鸣。

爆款文案的三大数据化技巧

除了精准提问，掌握以下三个数据化技巧，可以进一步提升文案的传播效果和转化率：

▎热点＋冷门视角 = 流量蓝海

一个常见的误区是认为只要蹭热点就能获得高流量，事实上，纯粹蹭热点的内容已经泛滥，真正的流量密码是"热点＋冷门视角"的组合。通过 DeepSeek，你可以轻松实现这种创新组合。

例如，当"元宇宙"成为热门话题时，大多数人都在谈论其技术和商业前景，而你可以这样向 DeepSeek 提问：

"请分析元宇宙技术对传统教育行业的五大颠覆性影响，重点关注农村教育资源分配和特殊教育群体获益方面，风格要深入浅出，适合教育工作者阅读。"

这样的角度既蹭了"元宇宙"的热点，又切入了较少被讨论的教育平等视角，更容易在同质化内容中脱颖而出。

▎情绪峰值＋数据背书 = 信任感飙升

优秀的文案往往能触动读者的情绪，同时通过数据增强可信度。你可以指导 DeepSeek 在文案中融入情绪触发点和相关数据：

"请以'深夜加班的职场人'为情感切入点，创作一篇健康轻食品牌的推广文案。在文中自然融入'78%的上班族有不健康饮食习惯'和'规律饮食可提升32%的工作效率'等数据点，并以轻食品牌如何改变这一现状为核心解决方案。文案风格要共情但不夸张，数据要真实可靠。"

这样生成的文案既能引起读者的情感共鸣，又能通过数据建立品牌专业形象，提升信任感和转化率。

▍互动率翻倍：把读者变成"自来水"

高互动率是爆款文案的重要指标，好的文案不仅要吸引人阅读，还要促使读者评论、分享和传播。这需要巧妙设计互动机制，DeepSeek可以帮你实现这一目标：

"请设计一个'测一测你的职场性格类型'的互动文案，包含一个有趣的开场引导、五个简短的测试题及对应的四种职场性格分析结果。文案要设计引导读者在评论区回答问题并@好友的机制，同时巧妙融入我们的'职场减压茶'产品信息。风格要轻松幽默，结果分析要有趣且有一定专业度。"

这种互动文案能大幅提升读者参与度，通过读者之间的互动和传播，实现裂变式增长。

职场性格测试与降压茶趣味互动

【测测你是哪款职场神兽？】

开场白：

"工位是你的王座还是急救室？键盘声是你的战歌还是催眠曲？速来领取你的职场兽化图鉴！答完5题不仅能解锁专属生存秘籍，还能赢取让CPU降温的【职场降压茶】哦"

测试题（评论区回答ABCD即可）

1. 周会上领导宣布要搞"狼性文化"，你：
   A. 当场表演后空翻接单手指月
   B. 默默把辞职信草稿从回收站复原
   C. 火速群发《劳动法》重点章节
   D. 打开淘宝搜索"仿真狼尾巴"

2. Deadline提前三天砸来，你第一时间：
   A. 给咖啡机安排996工作制
   B. 在茶水间表演原地消失术
   C. 群发卖萌表情包求组队开黑
   D. 优雅整理桌面准备甩锅PPT

3. 团建通知"自愿参加"时，你的真实反应：
   A. 已读不回并启动飞行模式
   B. 激情设计部门文化衫草图
   C. 群发匿名问卷建议改发奖金

给 DeepSeek 发送消息

深度思考 (R1)   联网搜索

高阶技巧：让 DeepSeek 成为
你的"爆款军师"

掌握了基础技巧后，你可以尝试更高级的应用方法，让 DeepSeek 成为你内容创作的战略顾问：

关键词暴力测试——挖掘创意金矿

通过输入看似不相关但有潜在关联的关键词组合，探索创新内容方向：

"请将'元宇宙'和'中医养生'这两个看似无关的领域结合，创作一篇标题吸引人的科普文章框架，探讨未来科技与传统养生智慧结合的可能性。"

这种"不走寻常路"的思路往往能激发出令人惊喜的创意，成为爆款内容的源泉。

一键切换"人格"——精准匹配不同受众

针对不同平台和受众群体，你可以让 DeepSeek 切换不同的表达风格：

"请以下列三种不同风格，分别创作介绍同一款智能手表的短文案：①面向 Z 世代的抖音风格，充满网络流行语；②面向中年精英的商务简报风格，强调效率和品质；③面向银发族的亲切科普风格，突出易用性和健康功能。"

通过这种方式，你可以快速适应不同平台的传播特点，提高内容的针对性和效果。

数据复盘——让 AI 内容持续进化

定期分析高流量内容的特点，并将这些洞察反馈给 DeepSeek，形成持续优化的循环：

"根据我过去 3 个月发布内容的数据统计，带有'实测''真相'等词的标题平均阅读量高出 40%，而超过 1500 字的长文阅读完成率低于 30%。请基于这些数据，优化我下一篇关于智能家居的文章，包括标题创作、内容长度和结构安排。"

通过这种数据驱动的方法，你可以不断调整内容策略，使创作越来越精准有效。

实用指令库与模板

为方便你快速上手，这里提供几个常用的 DeepSeek 文案创作指令模板：

▎爆款标题生成器

"为【主题】生成 10 个小红书/微信/抖音风格的爆款标题，标题要有吸引力、好奇感和情绪触发点，适合【目标受众】，包含高点击率的关键词如【关键词列表】。"

▎情感故事文案

"请创作一个关于【主题】的情感故事开头（300 字），设定主角是【角色描述】，面临【冲突/困境】，风格要【风格要求】，目的是引起读者对【产品/服务】的共鸣和需求认同。"

产品推广文案

"请以【专业身份】的角度，为【产品名称】创作一篇推广文案，突出其【3~5个核心卖点】，针对【目标受众】的痛点【列出痛点】，语言风格【风格要求】，文案长度【字数要求】，并在结尾设计强有力的号召性语言。"

通过 DeepSeek 和这些技巧的结合，你可以大幅提高文案创作效率和内容质量，打造出真正能够触动人心、引发传播的爆款内容。记住，优秀的文案不仅仅是文字的组合，更是对目标受众深刻理解的体现。DeepSeek 能够帮你处理文字创作的技术层面，而真正打动人心的洞察和创意，则需要你的持续投入和思考。

风格化写作：一键仿写各种创作风格

"风格是一个人的指纹"——这句话在内容创作领域尤为真实。独特的表达风格往往能成为作者的标志，甚至可以定义一个时代的文化特征。想象一下，如果你能像变魔术一样，随心所欲地切换不同的写作风格——一会儿是硬核科技解析，一会儿是温情感人的故事，一会儿又化身为犀利幽默的评论家。这样的能力无疑会让你的内容创作如虎添翼，在不同场景下都能游刃有余。

借助 DeepSeek 的强大语言能力，这种"文学变脸术"

不再是遥不可及的梦想。无论你是想模仿某位名家的写作风格，还是需要针对特定平台调整表达方式，DeepSeek 都能帮你轻松实现。这不仅能让你的内容更具表现力，也能帮你找到最适合自己的表达方式。

保姆级教程：5 步变身写作高手

要想掌握风格化写作的精髓，你需要遵循以下 5 个关键步骤：投喂语料、设定角色参数、结构化提示词、动态校准、人工润色。这套方法不仅适用于模仿知名作家的风格，也同样适用于各类专业写作场景，如领导讲话稿、学术论文、品牌文案等。

投喂语料：为 AI 提供风格样本

就像学习一门新语言需要大量阅读和听力材料一样，DeepSeek 也需要足够的样本来理解一种写作风格。投喂语料是风格仿写的第一步，也是最关键的一步。

具体做法是向 DeepSeek 提供 3~5 篇目标风格的范例文章。例如，如果你想模仿鲁迅先生的风格，可以这样提问：

"请分析以下鲁迅先生的文章片段，总结其写作风格的特点、常用修辞手法、句式结构和用词特点。然后用这种风格写一篇关于当代社交媒体现象的短文。"

鲁迅作品经典片段选读

《阿Q正传》片段

"他擎起右手，用力的在自己脸上连打了两个嘴巴，热剌剌的有些痛；打完之后，便心平气和起来，似乎打的是自己，被打的是别一个自己，不久也就仿佛是自己打了别个一般，——虽然还有些热剌剌，——心满意足的得胜的躺下了。"

—— (阿Q用"精神胜利法"化解屈辱的经典描写)

《狂人日记》片段

"我翻开历史一查，这历史没有年代，歪歪斜斜的每叶上都写着'仁义道德'几个字。我横竖睡不着，仔细看了半夜，才从字缝里看出字来，满本都写着两个字是'吃人'！"

—— (对封建礼教本质的惊世控诉)

《药》片段

"路的左边，都埋着死刑和瘐毙的人，右边是穷人的丛冢。两面都已埋到层层叠叠，宛然阔人家里祝寿时候的馒头。"

—— (以"人血馒头"隐喻愚昧与革命者的悲剧)

《故乡》片段

给 DeepSeek 发送消息

深度思考 (R1)　　联网搜索

DeepSeek 会先分析样本文本的风格特征，再基于这些特征创作新内容。这种方法的效果远好于简单地要求"用鲁迅的风格写作"，因为它给了 AI 更具体的参考依据。

设定角色参数：调整 AI 的"人设"

不同的写作场景需要不同的"人设"。例如，领导讲话稿需要权威性和政策精准度，学术论文需要严谨的逻辑和专业术语，而品牌文案则需要情感共鸣和号召力。通过明确设定角色参数，能让DeepSeek 更精准地把握写作要求。

你可以根据不同场景设定不同的角色模式：

·领导模式：激活"动员激励""政治术语库"模块，限制口语化表达。

·专家模式：启用"学术引用""数据可视化"功能，禁用主观情感词汇。

·创意模式：开启"比喻联想""情感共鸣"功能，鼓励使用修辞手法。

例如，如果你需要一份关于基层治理的领导讲话稿，可以这样提问：

"请以省级政府领导的身份，撰写一篇关于加强基层治理的讲话稿。语言风格要庄重有力，包含政策引用和数据支持，每段需要有一组排比句增强气势，结尾要有明确的号召。讲话时长约15分钟，请控制在2500字左右。"

▍结构化提示词：精准指导 AI 创作

结构化提示词是获得高质量输出的关键。一个好的提示词应该包含明确的主题、风格要求、结构框架和特殊元素要求。

以领导讲话稿为例，一个结构化的提示词可能是这样的：

"以'凝心聚力促发展'为主题，融合'十四五'规划精神，引用2024年全省经济数据，每段包含一组排比句，结尾用以'同志们'为开头的'号召'收束。"

这样的提示词明确指出了主题、政策背景、数据要求、修辞要求和结构要求，能够引导 DeepSeek 生成高度符合预期的内容。

不同类型的写作风格需要不同的结构化提示词。例如，专家型学术文章可能需要这样的提示词：

"基于'双碳'目标背景，分析制造业低碳转型路径，引用《中国工业绿色发展报告》的案例，提出三条可量化建议，结尾用'综上所述'总结。"

▌动态校准：实时调整输出质量

即使有了良好的前期准备，AI 生成的内容可能仍需要根据实际情况进行调整。动态校准是指在生成过程中，根据上下文和需求变化，实时调整 AI 的输出参数。

例如，当领导讲话涉及突发舆情时，你可以增加"稳字当头""底线思维"等关键词的权重；当专家报告需要深化理论时，可以插入"熵增原理""边际效应"等专业术语。

一个实用的动态校准提示可能是这样的：

"请调整前面生成的内容，增加对'民生保障'的关注度，语气上更亲民一些，减少专业术语，增加具体的民生项目案例。"

人工润色：点睛之笔

AI 生成的内容通常需要人工的最后润色，这不仅能修正可能的错误，也能增加个人特色和灵活性。

针对不同类型的内容，润色的重点也不同：

·领导稿：添加口语化短句，如"这里我强调三句话"，增加现场感和亲和力。

·专家稿：补充最新研究文献和数据，增强学术严谨性。

·创意文案：调整节奏和情感强度，增加品牌元素和个性化表达。

高经典案例：从领导讲话到品牌文案的风格转换

为了更直观地展示风格化写作的效果，让我们来看一个实际案例：将同一主题分别用领导讲话、学术报告和品牌文案三种风格呈现。

假设主题是"数字化转型对企业的影响"：

（1）领导讲话风格

"同志们，数字化浪潮滚滚向前，不进则退，不变则衰！我们必须坚定不移地推进数字化战略，打造智能工厂、建设数据中台、培育创新人才，全方位、多层次、宽领域地拥抱数字未来。唯有如此，才能在百年未有之大变局中赢得主动、赢得优势、赢得未来！"

（2）学术报告风格

"基于对167家制造业企业的实证研究表明，数字化转型与企业绩效存在显著正相关关系（$p<0.01$）。具体而言，数据驱动决策机制可提升运营效率23.7%，智能化生产系统可降低不良品率18.2%，而全渠道客户交互平台则平均提升客户满意度2.4个百分点。"

（3）品牌文案风格

"还在为烦琐的数据分析头疼吗？我们懂你。综合数字化解决方案，让复杂变简单，让决策更智能。轻点鼠标，洞察就在眼前；一键操作，效率提升30%。现在起，体验7天免费试用，让数字化为你的企业插上腾飞的翅膀！"

通过这个对比，我们可以清晰地看到不同风格之间的差异。领导讲话富有气势和号召力，学术报告严谨详实有数据支撑，品牌文案则亲切直接并有明确的行动引导。

金句仿写进阶：打造个人表达特色

除了整体风格的仿写，特定金句的模仿也是提升写作魅力的重要手段。通过分析经典金句的结构和特点，可以创造出具有类似效果的新句子。

例如，"代码写不出初心"这句科技领域的名言，通过结构分析和替换，可以创造出"算法算不透民心"这样的新表达；将"发展才是硬道理"转化为"迭代才是铁规矩"，既保留了原句的力量感，又赋予了新的含义。

你可以这样向 DeepSeek 请教：

"请分析'×××（原金句）'这句话的结构特点、修辞手法和语言魅力，然后创造五个类似结构但应用于不同领域的新金句。"

风格库累积：搭建个人创作武器库

随着使用经验的积累，你可以建立自己的风格库，包括针对不同场景、不同平台、不同受众的最佳写作风格。每当你创作出一篇效果良好的内容，就将其风格特点记录下来，形成可复用的模板。

例如，你可以记录：

· 领导讲话中最有力的开场和结尾模式。

· 学术文章中最受认可的论证结构。

· 社交媒体上获赞最多的表达方式。

· 不同行业的专业术语和表达习惯。

通过这种方式，你的创作能力将不断提升，最终形成独特的个人风格。

DeepSeek的风格化写作能力，不仅能帮助你适应不同的写作场景，还能启发你对语言表达的理解和创新。通过持续学习和实践，你将能够在内容创作的海洋中自由游弋，用最适合的风格表达最有价值的思想。记住，最终目标不是简单地模仿他人，而是通过学习和融合各种风格，发展出属于自己的独特声音。

短视频脚本：零基础15分钟出片

短视频已成为当今最具影响力的内容形式之一。无论是抖音、快手、微信视频号还是YouTube，短视频平台的爆发式增长为个人知识产权（IP）打造提供了前所未有的机会。然而，制作一个高质量的短视频并非易事，特别是对于零基础的创作者来说，从脚本撰写、素材收集到后期制作，每一步都充满挑战。

幸运的是，借助DeepSeek和一系列AI工具的强大能力，短视频制作的门槛已大大降低。在这一节中，我们将向你展示如何利用这些工具，在短短15分钟内完成一部专业水准的短视频，即使你是一个完全的新手。

传统短视频制作的三大痛点

在深入了解 AI 辅助创作的流程前，让我们先来认识传统短视频制作中的三大痛点：

（1）脚本创作耗时耗力：一个好的短视频离不开精心设计的脚本，但创意阻塞和不断修改常常让创作者疲惫不堪。多少次，你可能一遍又一遍地修改脚本，却仍然对结果不满意。

（2）素材获取困难重重：高质量的图片、视频素材对短视频的视觉效果至关重要，但获取这些素材往往需要昂贵的版权费或大量的搜索时间。而且，即使花费大量精力搜集素材，可能仍然无法完全匹配你的创意需求。

（3）后期制作技术门槛高：对于大多数人来说，掌握复杂视频编辑软件的使用是一个相当大的挑战。从剪辑、特效到配音，每一项技能都需要大量时间学习和实践。

面对这些挑战，许多有才华的创作者被挡在了短视频创作的门外，或者不得不花费大量时间和精力来攻克这些技术障碍，而不是专注于内容本身的创意和价值。

DeepSeek+AI 工具 = 短视频制作神器

现在，让我们看看如何通过 DeepSeek 和其他 AI 工具的组合使用，轻松突破这些痛点，实现高效的短视频创作。

▌AI 脚本生成：创意不再枯竭

DeepSeek 的强大语言能力使其成为短视频脚本创作的理想助手。无论是产品介绍、知识科普还是情感故事，DeepSeek 都能根据你的需求生成结构完整、逻辑清晰的脚本。

要获得一个高质量的短视频脚本，关键在于提供详细的指令。一个有效的脚本生成提示词应包含以下要素：

· 视频主题和核心信息。

· 目标受众群体。

· 视频时长要求。

· 内容风格偏好。

· 结构要求（如开场、内容展开、结尾）。

· 特殊元素需求（如互动引导、悬念设计）。

例如，如果你想制作一个关于普洱茶的短视频，可以这样向 DeepSeek 提问：

"请为一个 2 分钟的短视频撰写脚本，主题是'普洱茶的神奇功效与冲泡技巧'。目标受众是 25~40 岁的都市白领，他们对生活品质有追求，但对茶文化了解不多。视频风格要轻松科普，不过分专业但要有干货。脚本结构需包含：①吸引人的开场，用一个关于普洱茶的有趣数据或故事吸引注意；②3~4个普洱茶的健康功效，每点配有简短解释；③正确的冲泡步骤，强调1~2个新手容易忽略的关键点；④有号召力的结尾，鼓励观众尝试。请在脚本中标注镜头提示，如特写、字幕要点等。"

这样详细的提示能让DeepSeek生成一个高度符合你期望的视频脚本，不仅内容精准，还包含了镜头设计建议，为后续制作提供了清晰指导。

普洱茶短视频脚本创作指南

《普洱茶入门指南：解锁你的健康下午茶》短视频脚本

【开场】（5秒）
镜头：航拍云南古茶山云雾缭绕，快速切换现代都市写字楼特写
字幕+旁白："全球每天消耗2.8亿杯普洱茶，但90%的人不知道它的正确打开方式！"

【功效篇】（30秒）
镜头1：实验室场景动画，显微镜下的茶叶细胞
字幕：神奇功效① 天然解压剂
旁白："普洱茶独有的茶氨酸+咖啡因组合，比绿茶更能缓解焦虑，堪称打工人续命水"

镜头2：白领女生对电脑揉太阳穴→端起茶杯微笑
字幕：神奇功效② 肠胃清道夫
旁白："发酵产生的益生菌群，火锅后来一杯，油腻感瞬间消失！"

镜头3：对比动画（年轻细胞vs衰老细胞）
字幕：神奇功效③ 时光减速器
旁白："茶多酚含量是绿茶的3倍，抗氧化能力直接拉满！"

【冲泡教学】（60秒）
镜头：俯拍茶桌，出现10个标号图标
特写1：电子秤显示7g（关键点①精准投茶）
特写2：水温计指向95℃（关键点②沸水唤醒）
特写3：快速洗茶动作（关键点③唤醒仪式）
中景：悬壶高冲手法（关键点④注水秘诀）
字幕弹出：5秒出汤！/公道杯分茶！/紫砂壶最佳！/别喝冷茶！/密封保存！

【结尾】（25秒）
镜头：夕阳下的都市露台，年轻男女举杯碰普洱茶

给 DeepSeek 发送消息

深度思考 (R1)　　联网搜索

AI图像生成：素材获取不再是难题

有了脚本之后，下一步是收集匹配的视觉素材。传

统方法可能需要付费购买素材或花费大量时间搜索免费资源，但现在你可以使用 AI 图像生成工具，根据脚本需求创建完全定制的画面。

首先，使用 DeepSeek 分析脚本，提取关键场景描述：

"请分析以下视频脚本，提取需要可视化的关键场景（8~10 个），并为每个场景生成详细的图像描述，适合用于 AI 图像生成。描述要具体，包含主体、背景、氛围、颜色等元素。"

得到场景描述后，你可以使用即梦 AI、MJ 绘画等 AI 图像生成工具创建相应的视觉素材。这些工具可以根据文字描述生成高质量的图像，完美匹配你的创意需求。

▍AI 视频生成：从静态到动态的魔法转换

现在，是时候将脚本和图像素材整合成一个完整的视频了。得益于 AI 视频生成技术的发展，这一步骤也变得异常简单。

可灵 AI、闪剪、剪映 Pro 等工具都提供了强大的 AI 视频生成功能。你只需上传图像素材和脚本，这些工具就能自动生成视频，包括转场效果、字幕添加甚至是基本的动画效果。

对于更专业的需求，你还可以使用 DeepSeek 生成详细的视频制作指导：

"基于以下脚本和场景描述，请提供详细的视频制作建议，包括转场效果、配色方案、字幕样式、背景音乐类型和节奏建议。视频整体风格要保持一致，适合在抖音平台传播。"

这样的指导能帮助你在 AI 视频工具中做出更专业的设置，提升视频的整体质量。

▍AI 配音与音乐：为视频注入灵魂

声音是视频的灵魂，优质的配音和背景音乐能极大提升视频的专业感和感染力。许多 AI 视频工具已经集成了自动配音功能，但你也可以使用专门的 AI 配音工具获得更好的效果。

同样，你可以向 DeepSeek 请教配音和音乐选择的建议：

"请为这个关于普洱茶的短视频提供配音和背景音乐建议。配音风格要亲切而专业，语速适中，那么视频适合哪种性别的声音？背景音乐需要什么风格？在视频的哪些部分需要强调或转变？是否需要音效点缀？"

这样指导 DeepSeek 能帮助你在众多配音和音乐选项中做出最适合你视频风格的选择。

15 分钟出片：实操演示

下面，我们以制作一个普洱茶宣传短视频为例，演示如何在 15 分钟内完成整个制作流程：

（1）第 1—3 分钟：脚本生成

向 DeepSeek 提交详细的脚本需求，获取一个结构完整、信息丰富的视频脚本。关键是提供足够的细节，包括目标受众、核心信息和风格要求。

例如，你可以这样提问：

"请为一个 90 秒的抖音短视频撰写脚本，主题是'云南古树普洱茶的魅力'。目标受众是 25~45 岁的中产阶级茶爱好者，他们追求品质生活，愿意为优质产品付费。视频风格要既有文化底蕴又不失现代感，既要展示普洱茶的历史文化价值，又要突出其收藏投资属性。脚本需包含：①开场需用云南壮美山景和百年古茶树的对比镜头吸引眼球；②简述普洱茶的独特工艺和口感变化；③提及普洱茶的三大健康功效；④点明普洱茶收藏价值增长的数据；⑤结尾呼吁关注并添加微信了解更多。脚本语言要简洁有力，富有画面感，每句话控制在 15 字以内，适合快节奏剪辑。"

（2）第 4—8 分钟：场景描述提取与图像生成

将生成的脚本输入 DeepSeek，提取关键场景描述：

"请从以下短视频脚本中提取 8 个关键场景，并为每个场景写一段详细的图像描述，用于 AI 图像生成。描述要具体细致，包含主体、环境、光线、颜色、氛围等元素，每段描述 100~150 字。"

得到场景描述后，前往即梦 AI 等图像生成平台，输入描述创建相应的视觉素材。

（3）第 9—12 分钟：视频生成与剪辑

将 AI 生成的图像素材上传到可灵 AI 或闪剪等视频制作平台，导入脚本文本，选择合适的模板和风格，生成初版视频。

根据需要，调整转场效果、添加特效和字幕，确保视频流畅连贯。

（4）第 13—15 分钟：配音、音乐与最终输出

选择与视频内容和风格匹配的 AI 配音和背景音乐，在视频平台进行最后的调整，确保音画同步，效果和谐。

导出最终视频，完成创作过程。

进阶秘籍：让视频流量翻倍的 4 个撒手锏

掌握了基本的 AI 视频制作流程后，你可以尝试以下进阶技巧，进一步提升视频的传播效果：

脚本黄金公式：Jimmy 爆款结构

这是一种经过验证的短视频结构公式，由三部分组成：

· 开头 3 秒："标签 + 痛点"，立即锁定目标受众。

· 中间 20 秒："反常识观点 + 证据"，提供价值并保持兴趣。

· 结尾 5 秒："指令 + 悬念"，引导行动并留下好奇。

例如，对于普洱茶视频：

· 开头："茶友们注意，你喝的可能根本不是真正的普洱茶！"

· 中间："真正的古树普洱不是靠年份决定价值，而是这三点：树龄、产区、工艺……（展示证据）"。

· 结尾："左划看我们测评十款市面热门普洱，第一名绝对让你意外！"

高点击率画面生成口诀

创建吸引眼球的画面，遵循"3高1特"原则：高饱和度、高对比度、高动态范围、特写镜头。在向 AI 图像生成工具提供描述时，可以明确包含这些要素。

同时，注重"情绪符号"的植入，如匠人手部特写、消费者满足的表情等，这些细节能大大增强画面的情感共鸣。

▋让 AI 听懂人话的提示词模板

为了获得最佳的 AI 生成效果,可以使用这个万能结构:角色基因 + 特殊期望 + 反向顾虑 + 细节延展。

例如:"你是一个懂'00 后'口味的茶文化专家,请用《釜山行》的紧张节奏风格写解说词,要让年轻人觉得普洱茶比奶茶更'酷',拒绝老气横秋的传统说教,结尾加一句让人肾上腺素飙升的金句。"

▋数据验证与持续优化

定期分析视频数据指标,如播放完成率、互动率、转化率等,将这些数据反馈给 DeepSeek,请求优化建议:

"我的普洱茶视频数据显示,开头 3 秒吸引了 80% 的点击,但在讲解茶叶分类的部分(15~25 秒处)跳出率高达 40%。请分析可能的原因,并提供优化这一部分的建议,使内容更具吸引力。"

通过数据驱动的持续优化,你的视频制作能力和效果会不断提升。

直播带货话术:没有团队也能销量破万

直播带货已经成为当今最有力的营销方式之一。直播电商市场不仅吸引了专业主播,也让越来越多的商家和个人创业者跃跃欲试。然而，想要在直播间脱颖而出，吸引观众并将其转化为顾客，专业的直播话术至关重要。

在传统直播带货中，一个成功的话术体系往往需要专业团队反复打磨，经验丰富的主播才能驾驭自如。但现在，借助 DeepSeek 的强大能力，即使是没有团队支持的个人主播，也能获得专业水准的直播话术支持，实现销量的质的飞跃。

DeepSeek 的核心优势：解决直播痛点

在探讨具体应用方法前，让我们先来了解 DeepSeek 在直播带货场景中的三大核心优势：精准、实时、创意。

精准定位受众——告别"自嗨式"直播

成功的直播带货需要精准理解目标受众的需求、痛点和购买动机。DeepSeek 能通过对用户数据的深度分析，帮助你构建详细的受众画像，从而生成更有针对性的话术。

例如，一位美妆主播通过分析发现，她的粉丝中 25~35 岁的职场女性占比高达 70%，且这些用户特别关注抗衰老产品的成分安全性。在此数据支持下，她将话术重点从"价格实惠"调整为"抗衰老成分安全性分析"，转化率立即提升了 30%。

■ 实时互动优化——从"单向输出"到"双向互动"

直播最大的魅力在于实时互动，但很多新手主播往往陷入单向输出的窘境，不知道如何把握弹幕互动节奏。DeepSeek 能通过实时监测弹幕关键词和点赞频率，为你提供互动话术建议。

一位服装主播在讲解连衣裙时，弹幕里突然出现大量"显胖吗"的提问。DeepSeek 立即提示主播转向"梨形身材穿搭技巧"的话题，并建议展示侧面镜头。这一调整使观众停留时间延长了 5 分钟，大幅提升了转化机会。

■ 创意激发与话题拓展——拒绝"没话找话"

直播过程中"卡壳""没话说"是很多主播的噩梦。DeepSeek 能基于产品特性和市场热点，不断生成新鲜有趣的话题，帮你维持直播间的活跃度。

一位母婴主播从单一讲解奶粉功效，扩展到"职场妈妈背奶攻略"和"宝宝厌奶期应对技巧"等内容，直播间互动量翻倍，用户黏性显著提升。

三步实操：用 DeepSeek 生成 "高转化话术"

了解了核心优势，接下来让我们通过一个实际案例，看看如何在直播前、直播中和直播后三个阶段有效利用

DeepSeek：

▍第一步：准备阶段——侦探般分析用户需求

在直播开始前，细致的准备工作能大幅提升直播效果。这一阶段的关键是全面分析产品特点和目标用户，制作一套有针对性的话术体系。

具体操作如下：

（1）输入产品核心信息：向DeepSeek提供详细的产品信息，包括类别、功能、特点、价格等。不要简单地说"写一条女装话术"，而应该提供具体细节。

（2）获取用户画像：借助DeepSeek分析历史数据，了解目标用户是谁，以及他们的核心需求和购买痛点。

例如，对于一款纯羊毛衫，你可以这样向DeepSeek提问：

"产品：纯羊毛衫，客单价199元，颜色有黑、白、灰三种。目标用户是25~40岁的都市职场女性，她们注重品质感和舒适度，关注职场穿搭的体面与实用。请为我设计一套完整的直播带货话术，包含：①开场'钩子'，抓住观众注意力；②产品卖点讲解（材质、工艺、适用场景）；③痛点放大（普通毛衫起球、粗糙、不耐穿等问题）；④价值提升（与市场同类产品对比优势）；⑤互动设计（如何引导用户提问和互动）；⑥'逼单'话术（创造稀缺感和限时感）。语言风格要亲切自然，像朋友间聊天，避免过度营销感。"

DeepSeek 会基于这些信息，生成一套结构完整、针对性强的直播话术，包括：

·开场钩子："姐妹们！今天这件羊毛衫，专治'穿大衣显胖，穿毛衣起球'的痛！原价 399 元，直播间专属价 199 元，三色可选！"

·产品卖点："这款是澳洲进口羊毛，触感柔软不扎皮，采用 3D 针织工艺，版型超显瘦……"

·痛点放大："市面上很多毛衣穿两次就起球，领口变形，这款经过特殊工艺处理，30 次机洗不变形……"

·价值提升："同等品质的羊毛衫，专柜至少 399 起，我们直接对接工厂，砍掉中间环节……"

·互动设计："喜欢黑色的姐妹打 1，喜欢白色的打 2，我来告诉你不同肤色如何搭配……"

·逼单话术："现在下单额外送羊毛防起球器，价值 39 元！前 100 名下单还送羊绒围巾！"

▊ 第二步：直播中——根据弹幕实时调整话术

直播是一个动态过程，需要根据观众反应不断调整。在直播过程中，你可以安排一名助手关注弹幕情况，及时向 DeepSeek 提问，获取调整建议。

关键操作如下：

（1）监测弹幕关键词：注意观众频繁提问的内容，如"起球吗""掉色吗"等，将这些问题输入给 DeepSeek。

（2）自动生成互动话术：基于观众兴趣点，DeepSeek 会推荐互动话术，帮你维持直播活跃度。

例如，当发现弹幕中多次出现"搭配"相关问题时，你可以向 DeepSeek 提问：

"直播间很多观众询问羊毛衫如何搭配，请提供 3~5 个不同场景的搭配建议，语言要生动有画面感，适合直播讲解。"

DeepSeek 会立即生成针对性的搭配话术：

"灰色羊毛衫配米色阔腿裤，再搭一条细棕色皮带，温柔又知性，特别适合职场会议；黑色羊毛衫配牛仔裤和白色运动鞋，休闲不失品质，周末逛街约会都能穿；白色羊毛衫内搭高领打底，外套一件驼色大衣，高级感立刻提升三个档次……"

这样的实时响应能让你的直播内容始终保持新鲜感和针对性，大大提升观众留存率。

第三步：直播后复盘——用数据说话

直播结束后的分析和复盘对提升下一次直播效果至关重要。这一阶段，DeepSeek 可以帮你分析数据，找出可改进的方向。

关键操作如下：

（1）分析关键指标：向 DeepSeek 提供直播数据，如用户停留时长、互动高峰时段、转化率等。

（2）优化策略：根据分析结果，调整下一次直播的话术策略。

例如，如果发现"逼单环节"效果不佳，可以这样向 DeepSeek 提问：

"我在直播中发现，讲解产品功能时互动很好，但到了促使下单的环节，成交转化率不高。请分析可能的原因，并提供5个更有效的'逼单'话术技巧，创造更强的紧迫感和决策推动力。"

DeepSeek 会分析可能的原因并提供优化建议：

可能原因：①价格锚点设置不足，缺乏对比；②稀缺感营造不够强烈；③犹豫成本未充分展示。

优化话术：

· "这个价格只在直播间有效，明天就恢复原价

399 元！"

· "看到刚刚飘过的弹幕了吗？已经有 62 位姐妹下单了，尤其黑色 XL 只剩 3 件了！"

· "犹豫就亏了！算一笔账：这件衣服平均穿 50 次，每次才 4 元钱，还不如一杯奶茶贵！"

这样的数据驱动优化能让你的直播话术日臻完善，转化率稳步提升。

进阶技巧：如何用 DeepSeek 优化、升级话术

掌握了基本流程后，你可以尝试以下进阶技巧，进一步提升话术质量：

（1）逆向工程法：分析成功主播的带货案例，提取其话术模式。向 DeepSeek 提供成功案例的话术记录，请求分析核心结构和技巧，然后应用到自己的产品上。

（2）情感波动设计：让 DeepSeek 设计一套情感波动曲线，在直播中有意识地引导观众情绪起伏，比如从好奇到惊讶，再到渴望，最后促成购买决策。

（3）人设强化技巧：利用 DeepSeek 打造独特的主播人设话术，如"邻家姐姐"型、"专业顾问"型、"性价比达人"型等，增强识别度和信任感。

（4）内容矩阵规划：请 DeepSeek 设计直播内容矩阵，将产品讲解、用户教育、情感共鸣、专业知识等内容有机结合，提升直播深度和广度。

真实案例：普通人如何靠 DeepSeek 逆袭？

为了让你更直观地了解 DeepSeek 的实际效果，以下分享两个真实的成功案例：

▌案例一：新手主播的"三周破万"之路

小叶是一名刚入行的服装店主，没有团队支持，对直播带货一窍不通。她的第一次直播只有 20 人观看，全程无人互动，销量为零。

转机出现在她开始使用 DeepSeek 后：

第一周：基于店铺数据，DeepSeek 帮她精准定位了"小众设计感女装"的市场定位，并计划设立"设计师闺蜜"的亲切人设。

第二周：持续优化话术，突出"同款设计师品牌折扣75%"的核心卖点，同时增加"穿搭技巧分享"环节提升专业度。

第三周：销量破万！直播间最高在线人数达到 2800 人，单场商品交易总额（GMV）突破 12000 元。

关键成功因素：DeepSeek 帮助她从散乱的产品介绍转变为有故事性和专业度的内容结构，同时通过持续的数据分析，不断优化转化率低的环节。

▌案例二：母婴店主的"跨品类突围"

张女士经营一家线下母婴店，想通过直播带货扩大销售渠道，但面临强烈的品类竞争压力。

DeepSeek 的解决方案：

差异化策略：不再单纯讲产品功能，而是围绕"0~3岁宝宝发育关键期解决方案"构建专业内容体系。

话术升级：从"这个奶瓶很好用"升级为"根据宝宝3~6 个月吞咽肌肉发育特点，这款奶嘴的角度设计能减少50% 胀气风险"。

结构优化：每次直播固定"育儿知识分享—产品功能讲解—真实案例展示—限时优惠"的四段式结构。

结果：3 个月，从默默无闻到所在平台母婴品类前10% 主播，月销售额从线下 5 万元提升至线上 + 线下 15万元，并积累了一批忠实粉丝。

避坑指南：成为真正的带货高手

在结束本节前，还有一些重要的提醒，帮助你避开常见陷阱，更好地利用 DeepSeek 提升直播效果：

（1）自然融入：DeepSeek 生成的话术是很好的参考，但别机械照搬。根据你的个人风格和语言习惯进行调整，保持自然感。

（2）保持真实：再好的话术也不能脱离产品真实情况。确保所有描述和承诺都是真实的，否则会严重损害信任度。

（3）持续学习：将每次直播数据和反馈告诉 DeepSeek，让它帮你持续优化话术体系，形成良性循环。

（4）适应平台特性：不同平台的用户群体和规则各不相同，请让 DeepSeek 根据具体平台特性调整话术风格。

（5）保持个人特色：最终目标是形成自己的独特风格，而不是成为 AI 的"复读机"。将 DeepSeek 视为辅助工具，而非完全依赖的对象。

通过 DeepSeek 的强大支持，即使是没有团队和经验的个人创业者，也能在直播带货的竞争中找到自己的位置。记住，技术只是工具，真正的核心还是你对产品的理解和对用户的真诚服务。有了这两点作为基础，再加上 DeepSeek 的助力，销量破万将不再是遥不可及的梦想。

长篇内容规划：从构思到成稿的创作全流程

长篇内容创作总是让你望而生畏？DeepSeek 将颠覆你的创作流程，从选题到成稿，一路畅通无阻！

主题头脑风暴与选题优化

不知道写什么？让 DeepSeek 成为你的创意伙伴：

"我是一名健康领域的内容创作者，帮我生成 20 个有潜力的文章主题，并分析每个主题的热度、竞争度和变现潜力。"

---

1. 生酮饮食逆转多囊卵巢综合症(PCOS)的临床证据

- 热度：★★★★☆（PCOS影响全球10%育龄女性，生酮饮食搜索量年增65%）
- 竞争度：★★★☆☆（已有基础科普，缺乏深度医学解读）
- 变现：定制化饮食方案付费咨询、实验室检测试剂盒推广

2. 肠道菌群检测报告解密：你的微生物决定减肥效率

- 热度：★★★★★（精准营养赛道年增长率达120%）
- 竞争度：★★☆☆☆（新兴检测技术尚未普及）
- 变现：居家检测套件联盟分成（如Viome、Atlas Biomed）

3. 职场妈妈的15分钟代谢激活训练法

- 热度：★★★★☆（全球73%职业女性存在运动时间焦虑）
- 竞争度：★★☆☆☆（碎片化训练内容多为通用型）
- 变现：短视频平台训练课程订阅、母婴品牌场景化合作

4. 植物肉营养陷阱：实验室数据揭示铁锌吸收率真相

- 热度：★★★★★（植物基市场年增19%，营养争议持续）
- 竞争度：★☆☆☆☆（行业评测多停留在口感层面）
- 变现：营养强化食品推广、第三方检测机构导流

5. 生物黑客的昼夜节律调控方案：硅谷CEO实操手册

给 DeepSeek 发送消息

深度思考 (R1)　🌐 联网搜索

内容大纲智能生成

有了主题，下一步就是搭建骨架。DeepSeek 能帮你生成逻辑严密的内容大纲：

"我计划写一篇关于'数字游民生活方式'的 6000 字长文，目标读者是 25~35 岁想尝试远程工作的年轻人。请生成一个包含引言、正文（4~6 个主要部分）和结论的详细大纲。"

引言：当办公室成为可选项（800字）

1. **现象级数据**
   - MBO Partners报告：全球数字游民突破3500万，35岁以下占比68%
   - FlexJobs统计：远程职位数量较疫情前增长4.2倍

2. **认知误区破除**
   - 理想化滤镜vs现实困境：展示Instagram网红日常与真实工作日志对比

3. **读者定位**
   - "你需要的不是逃离，而是重构生活系统的能力"

正文一：解构数字游民生态系统（1200字）

1. **全球工作热点图谱**
   - 数字游民签证国家竞争力排名（网络基建/生活成本/社群成熟度）
   - 案例：里斯本"Startup House"的协同工作社区运作模式

2. **收入结构金字塔**
   - 技能型（编程/设计）vs资产型（自媒体/电商）收益对比
   - 混合收入模型：Bali数字游民月均$2200收支明细表

3. **基础设施革命**
   - 关键工具组合：Nomad List+RemoteOK+SafetyWing保险

正文二：远程工作能力矩阵（1000字）

1. **硬技能迁移指南**
   - 传统岗位适配度评估（教师→在线课程设计/HR→远程团队管理）

给 DeepSeek 发送消息

深度思考 (R1)　　联网搜索

分段创作与深度拓展

长文创作的关键在于分段攻克。针对大纲中的每个部分，让 DeepSeek 帮你深度拓展：

"基于大纲的第三部分'数字游民的财务管理'，请详细展开这一节内容，包括收入来源多样化、跨国税务处理、预算规划和应急资金等方面。"

第三章：数字游民的财务管理——在流动中构建财务护城河

（建议篇幅：2500字）

一、收入来源多样化：从线性收入到抗风险组合

1. 收入结构金字塔模型（配动态比例图）

- **顶层（20%）：高波动性主动收入**
  - 自由职业平台接单（Upwork/Toptal时薪对比表）
  - 短期咨询项目（法律/税务等专业服务报价策略）
- **中层（50%）：稳定性被动收入**
  - SaaS订阅制产品（Notion模板商店案例）
  - 联盟营销自动化（CompareVPN等工具评测站运营数据）
- **底层（30%）：抗通胀资产收入**
  - 数字货币质押收益（年化5%-8%低风险方案）
  - 全球房产REITs投资（Fundrise平台操作指南）

2. 地域套利策略实践

- 案例：用美元计价的编程收入 + 东南亚生活成本 = 储蓄率提升至65%
- 汇率波动对冲：Wise多币种账户+Payoneer本地收款组合

二、跨国税务处理：合法优化全球税负

1. 居住地认定核心规则

给 DeepSeek 发送消息

深度思考 (R1)　　联网搜索

全文润色与一致性检查

初稿完成后，让 DeepSeek 帮你进行全文润色和风格统一：

"请审阅我的文章草稿，检查逻辑一致性，优化过渡段落，并确保全文风格统一。特别注意第二部分和第四部分之间的衔接。"

一、逻辑一致性审查要点

1. 章节间逻辑链条
- 确认第二部分"远程工作能力矩阵"与第四部分"暗面启示录"存在辩证关系：
  理想路径：技能准备（二）→实践应用（三）→暴露问题（四）
  检查点：是否在第三章结尾埋设了过渡线索？（例："看似完美的生活系统设计，却在真实的全球流动中显露出裂缝……"）

2. 论点证据匹配度
- 确保第四部分提及的"职业发展瓶颈"案例，与第二部分"技能迁移指南"形成呼应
- 验证所有数据来源时间戳统一（避免混合2019年前后疫情数据）

二、过渡段落优化方案

当前问题定位：第二—四部分存在"技能准备"到"现实困境"的认知跳跃
具体修改建议：

1. 在第三章结尾增设转折段落
   > 复制
   > "当我们精心设计好生活系统，配置完财务方案，似乎已准备好迎接数字游民生涯。但来自清迈Coliving空间的录音日记显示：73%的受访者在第14个月遭遇'流动倦怠'——这种理想与现实的落差，正是理解数字游民暗面的关键入口。"

2. 第四章开篇增加承上启下句
   > 复制
   > "前文构建的生存技能如同航海装备，现在我们要直面茫海的真实风暴。以下三个维度的暗涌，正在重塑新一代数字游民的进化轨迹……"

给 DeepSeek 发送消息

深度思考 (R1)　　联网搜索

长篇创作不再是专业作家的专利，DeepSeek 让每个人都能高效完成有深度的内容！

图文结合创作：DeepSeek 联动设计工具的高级技巧

在视觉主导的内容时代，纯文字内容已难以满足受众需求。让 DeepSeek 协助你创建引人入胜的图文内容！

视觉内容脚本与指南

首先，让 DeepSeek 帮你设计视觉内容的框架：

"我需要制作一份关于'地中海饮食'的图文指南，请提供10张关键图片的详细描述和每张图片对应的文案。"

图1：饮食金字塔视觉化

图片描述：
分层透明玻璃容器盛放食材，底层全麦面包/橄榄油，中层番茄/鱼类/坚果，顶层少量红肉。背景为地中海蔚蓝海岸线，右下角标注"NEJM研究：降低28%心血管风险"

文案：
"不是限制，而是智慧的比例分配——
每一层都凝结着克里特岛居民的长寿密码
用橄榄油代替黄油，让鱼类成为餐桌主角
这是被科学验证的生存美学"

图2：橄榄油黄金时刻

图片描述：
特写镜头捕捉初榨橄榄油缓缓淋入木碗沙拉的过程，油滴在阳光下呈现金色光泽，背景虚化处可见百年橄榄树林

文案：
"单不饱和脂肪酸含量最高达73%
每一滴都是液体黄金
每日4汤匙降低19%中风风险（《JACC》数据）
这是地中海的阳光储蓄罐"

图3：香料矩阵解剖图

图片描述：
俯拍九宫格木盒，分别盛放牛至/迷迭香/藏红花等香料，每个格子标注抗氧化值（ORAC单位），中心...
蒜薹与柠檬切片

给 DeepSeek 发送消息

深度思考 (R1)　联网搜索

设计提示词精准生成

对接各类 AI 设计工具时，精准的描述至关重要。DeepSeek 能帮你生成高质量的设计提示词：

"请为我的'城市夜景摄影技巧'文章生成 5 个详细的图像提示词，用于 MJ 绘画或 Stable Diffusion 生成配图，要包含具体的构图、光线、色调和风格描述。"

1. 长曝光车轨与建筑光轨

提示词：

"Ultra-wide angle view of elevated highway at midnight, light trails from flowing cars forming golden rivers, 30s exposure showing smooth motion blur, foreground with sharp-focus guardrail texture, background skyscrapers glowing with blue hour tones, Leica Noctilux f/0.95 lens effect, cinematic teal & orange color grading, cyberpunk atmosphere with light rain reflections on asphalt --ar 16:9 --style raw"

2. 霓虹雨夜街景

提示词：

"Low-angle shot in Tokyo Kabukicho, neon signs reflecting on wet pavement creating color pools, umbrella-wearing pedestrian silhouette in motion blur foreground, bokeh balls from street lights transformed into hexagonal shapes, dynamic range emphasizing crushed blacks and preserved sign highlights, Fujifilm Superia X-TRA 800 film simulation with magenta cast --ar 4:5 --stylize 650"

3. 建筑几何光影

提示词：

"Bird's-eye view of Shanghai financial district, abstract composition of skyscraper light grids forming golden spirals, moonlight casting crisp shadows on rooftop structures, long exposure blending star trails with urban glow, Hasselblad medium format color depth, minimalist architecture style with monochromatic silver tone accented by warm window lights --ar 1:1 --style minimalist"

给 DeepSeek 发送消息

深度思考 (R1)　　联网搜索

数据可视化文案策划

让数据图表不再枯燥，DeepSeek 帮你策划引人入胜的数据故事：

"我有一组关于'中国近 5 年电商消费趋势'的数据，请设计 3~5 个数据可视化的方案，包括图表类型、关键数据点和每个图表应配的解释文案。"

品牌风格指南整合

保持品牌一致性的同时创新内容，DeepSeek 能帮你平衡两者：

"我的个人品牌色调是蓝色和灰色，风格偏极简专业。请根据这一风格指南，为我的领英和公众号文章提供一套统一的图文模板建议。"

极简专业风格图文模板设计方案

▌ 基础视觉系统

1. 色板规范：
   ◦ 主色：深空蓝 (#2C3E50) + 中灰 (#5D6D7E)
   ◦ 辅助色：浅冰蓝 (#EAF2F8) + 银灰 (#BDC3C7)
   ◦ 对比色：纯白 (#FFFFFF) + 炭黑 (#212121)

2. 字体组合：
   ◦ 英文标题：Helvetica Neue Bold
   ◦ 中文标题：思源黑体CN Bold
   ◦ 正文字体：系统默认无衬线字体（跨平台兼容）

▌ LinkedIn专属模板

1. 封面图设计：
   ◦ 左对齐您的姓名+职位（蓝底白字）
   ◦ 右侧留白处添加抽象几何线条（浅冰蓝）
   ◦ 底部1/5区域用银灰分隔线+简约口号

2. 文章头图模板：
   ◦ 纯色炭黑背景+居中白色标题文字
   ◦ 标题下方加2px深空蓝水平线
   ◦ 右下角添加您的小型水印logo

3. 内容排版：

```markdown
## [深空蓝标题]
[横灰分隔线]
· 段落原第1.5倍行距
```

给 DeepSeek 发送消息

深度思考 (R1)   联网搜索

图文结合不再是专业团队的专利，DeepSeek+ 设计工具的组合让个人创作者也能打造专业级内容！

内容数据分析：精准掌握粉丝喜好的 AI 方法

发布了很多内容却不知道什么最吸引粉丝？DeepSeek 可以成为你的数据分析师，解读受众心理！

内容表现回溯分析

让 DeepSeek 帮你分析历史内容的表现模式：

"我过去 3 个月在小红书发布了 30 篇美食笔记，浏览量从 2000 到 50000 不等。请根据我提供的标题、点赞数和评论数，分析哪类内容表现最好，并总结成功要素。"

评论情感分析与洞察

粉丝评论是宝贵的反馈，DeepSeek 能帮你提炼关键洞察：

"以下是我最近一篇'家庭整理术'视频下的 50 条评论，请进行情感分析，提取用户关注点和疑问，并为我的下一个视频提供 3~5 个内容优化建议。"

竞品内容解析

了解同行优秀内容的成功因素，DeepSeek 为你提供竞品分析：

"分析这 3 位财经领域的头部创作者最近 10 篇爆款内容，比较他们的标题特点、内容结构、互动策略，并为我的财经账号提供差异化策略建议。"

个性化内容策略生成

基于数据分析，让 DeepSeek 为你定制内容策略：

"根据我账号的内容表现分析，制订一份为期 8 周的'职场技能提升'主题内容计划，包括每周的核心话题、内容形式和预期互动目标。"

数据驱动的内容创作不再是大公司的专利，DeepSeek让独立创作者也能精准把握粉丝心理，创作出真正受欢迎的内容！

第 4 章

场景化应用
DeepSeek 全方位解决问题

法律咨询与风险预警：职场纠纷解决方案

在职场中，我们难免会遇到各种法律问题——从合同纠纷、知识产权保护到劳动争议。传统解决方式通常是咨询律师，但高昂的律师费用往往让人望而却步。如今，DeepSeek 可以成为你的"口袋法律顾问"，帮你分析法律风险、提供初步建议，为复杂情况做好准备。

当你面临合同签署时，不确定某些条款是否合理，可以让 DeepSeek 帮你分析。假设你收到一份新公司的劳动合同，其中有些竞业限制条款让你感到疑惑。你可以这样向 DeepSeek 提问：

"我收到一份劳动合同，其中竞业限制条款写道：'离

竞业限制条款法律分析及注意事项

一、合法性分析

1. **期限问题**
   《劳动合同法》第24条规定竞业限制期限最长不超过2年，因此条款中"离职后两年内"的期限合法。

2. **补偿金标准**
   - 法律规定，补偿金的最低标准为劳动合同解除前12个月平均工资的30%，且不得低于当地最低工资标准（《最高人民法院关于审理劳动争议案件适用法律问题的解释（一）》第36条）。
   - 风险点，若您的月工资30%低于当地最低工资标准（例如月薪为5000元，30%仅1500元，但当地最低工资为2000元），则条款可能因补偿金过低被认定为无效，您可要求补足差额或申请调整。

3. **适用对象**
   竞业限制仅适用于高级管理人员、高级技术人员和其他负有保密义务的人员（《劳动合同法》第24条）。若您的岗位不涉及核心商业秘密或技术，公司无权单方面设定竞业限制。

二、需警惕的风险点

1. **补偿金支付方式**

给 DeepSeek 发送消息

深度思考 (R1)   联网搜索

职后两年内不得从事与公司业务相关的任何工作，补偿金为月工资的 30%。'请从法律角度分析这一条款是否合理，有什么需要注意的地方？"

DeepSeek 会根据最新的《劳动合同法》相关规定，告诉你竞业限制补偿金一般不低于月工资的 30%，期限最长不超过两年。它还会提醒你注意竞业限制的地域范围、具体行业限制是否明确等细节问题，帮你发现合同中可能存在的风险点。

使用 DeepSeek 进行法律咨询时，关键在于提供充分的背景信息和具体细节。比如处理知识产权问题时，你可以这样提问：

"作为公司的设计师，我利用业余时间创作的插画作

设计师业余插画作品权属分析与维权建议

一、作品权属分析

1. **核心法律依据**

《著作权法》第18条规定，职务作品的著作权原则上归作者所有，但单位享有业务范围内的优先使用权。例外情形（如工程设计图、计算机软件等）的著作权归单位，作者仅保留署名权。

2. **关键判断标准**

- **职务作品认定需同时满足：**
  - （1）存在劳动关系；
  - （2）作品属于「工作任务范围内」的创作。
  您利用业余时间创作、且作品性质与本职工作无关（如您是UI设计师但创作了独立插画），则可能不属于职务作品。

- **公司资源使用：**若未使用公司资金、设备或技术资料，难以认定为单位享有著作权的特殊职务作品。

3. **合同条款优先性**

若劳动合同或公司规章制度中存在「所有创作成果归属公司」的格式条款，可能因排除劳动者主要权利被认定无效（《劳动合同法》第26条）。但具体需结合条款表述合理性判断。

二、维权行动建议

1. **证据固定**

- 创作过程证据，保存创作草图、分层源文件、修改记录，使用第三方时间戳（如联合信任）

给 DeepSeek 发送消息

深度思考 (R1)   联网搜索

品，公司声称拥有所有权。请分析根据中国著作权法，这种情况下作品的所有权归属问题，以及我该如何保护自己的权益。"

通过精准描述情况，DeepSeek能够基于相关法律法规给出参考意见，提醒你区分职务作品与非职务作品的界限，建议你保留创作过程中的时间证明、在非工作时间和设备上创作等要点。

值得注意的是，DeepSeek提供的法律建议仅供参考，在重大决策前仍然建议咨询专业律师。但它可以帮助你做初步筛查，了解基本法律常识，甚至为你与律师的沟通做好准备，大大提高咨询效率并降低成本。

DeepSeek在法律风险预警方面也表现出色。想象一下，你准备开展一项新业务，但不确定是否存在法律隐患。你可以向DeepSeek描述业务模式、运营方式，它会从多个角度预警可能的法律风险，如资质许可、数据合规、消费者权益保护等方面，帮你未雨绸缪。

日常工作中，DeepSeek还能帮你审核邮件或内部文件是否存在法律风险。比如在发送一封关于竞品分析的邮件前，你可以让DeepSeek检查内容是否涉及商业诋毁或不正当竞争，避免无意中踩到法律红线。

无论是处理已发生的法律纠纷，还是预防潜在风险，DeepSeek都能成为你的得力助手。通过正确的提问方式和合理的期望设定，你可以最大化发挥 DeepSeek 在法律场景中的价值，保护自己的职场权益。

心理健康支持：缓解工作与生活压力

现代职场如同一场马拉松，持续的高强度工作让许多人背负着沉重的心理压力。工作指标、团队矛盾、职业发展瓶颈，再加上家庭责任，这些因素交织在一起，常让人感到喘不过气来。当压力积累到一定程度，我们需要一个倾听者、一个支持者。而 DeepSeek，这个 24 小时不下线的 AI 助手，可以成为你随时可得的心理支持。

你可能会疑惑，一个 AI 真的能提供心理支持吗？当然，DeepSeek 不是专业心理咨询师，不能替代严肃的心理治疗。但在日常压力管理和情绪疏导方面，它却有着独特的优势——不带任何偏见地倾听、不会疲倦地回应，更重要的是，它能保持绝对的保密性。

想象一下，当你结束了一天疲惫的工作，回到家中，面对着一堆未完成的任务和即将到来的截止日期，焦虑感开始蔓延。这时，你可以打开 DeepSeek，输入：

"今天工作压力很大，感觉自己快要应付不来了。项目截止日期就在下周，但进度才完成一半。我既担心完不成任务，又害怕向上级坦白现状。有什么方法可以帮我缓解这种压力和焦虑？"

DeepSeek 会首先表达理解和共情，认可你的感受是正常的，然后从多个角度提供建议：如何分解任务使其变得可管理、如何与上级有效沟通延期可能性、如何应用简单的呼吸和冥想技巧来缓解急性焦虑等。它不会像某些朋友那样简单地说"别担心，会好的"，而是提供具体可行的解决方案。

应对工作压力与焦虑的实用建议

面对高强度的工作压力和即将到来的截止日期，感到焦虑是很正常的。以下几个步骤或许能帮助你理清现状、缓解压力，并找到解决方案：

1. 接纳情绪，先给大脑「降温」

- **暂停5分钟**，放下手头工作，做个深呼吸练习（吸气4秒-屏息4秒-呼气6秒），或简单拉伸身体。短暂脱离高压环境能避免情绪影响判断。
- **写下焦虑点**，把"担心项目完不成""害怕领导失望"等具体担忧写在纸上。将模糊的焦虑转化为文字，能减少大脑的"灾难化想象"。

2. 重新评估任务：拆分目标，聚焦下一步

- **拆解剩余工作量**，将未完成的50%任务细化成可操作的小步骤（如"完成A模块代码""整理B部分数据"），避免被整体进度吓倒。
- **优先级排序**，用"四象限法则"区分任务（紧急重要/紧急不重要/重要不紧急/不紧急不重要），优先处理直接影响项目核心的部分。
- **调整预期**，和团队或上级确认是否存在灵活调整的空间（如延后非核心功能、分阶段交付）。有时"完美主义"反而会成为负担。

3. 主动沟通：用「解决方案」代替「问题汇报」

- **提前同步进展**，尽快向上级说明现状，但重点放在你已采取的行动和需要的支持。例如： ⌄

给 DeepSeek 发送消息

🧠 深度思考 (R1)　　🌐 联网搜索　　　　　　　📎 ↑

DeepSeek 在处理负面情绪时特别有价值。当你感到沮丧或愤怒时，可以将这些情绪倾诉给 DeepSeek。它会引导你进行"情绪命名"——一种被心理学研究证明有效的减压技术。它还会帮助你从不同角度看待问题，打破思维定式。比如，当你沮丧于一个项目的失败时，DeepSeek 可能会引导你看到这是一次宝贵的学习机会，并帮助你分析具体收获。

除了应对突发的情绪问题，DeepSeek 还能帮助你建立长期的心理健康习惯。你可以将它设置为你的"冥想指导"或"感恩日记伙伴"。每天花几分钟，让 DeepSeek 引导你进行一次简短的冥想练习，或者向它分享今天的三件感恩之事，这些小习惯长期坚持会对心理健康产生积极影响。

工作与生活的平衡也是现代人常面临的挑战。DeepSeek 可以帮你分析时间分配，找出工作效率低下的原因，并提供个性化的建议。比如，你可以请它设计一个适合你的工作时间块计划，或者制订一个逐步改善工作生活平衡的 30 天计划。

有时，我们需要的只是一个安全的发泄空间。DeepSeek 可以充当这样一个"沙袋"，让你毫无保留地聊聊挫折和不满，而不必担心社交后果。这种发泄本身就是一种有效的减压方式。当你感到稍微平静后，再请 DeepSeek 帮你分析情况，寻找建设性的解决方案。

值得强调的是，虽然DeepSeek 能提供宝贵的心理支持，但它不能替代专业心理健康服务。如果你经历持续的抑郁、焦虑或其他严重的心理健康问题，请咨询专业的心理医生或心理咨询师。DeepSeek 本身也会在检测到严重的心理健康风险时提醒你寻求专业帮助。

在这个高压的时代，拥有一个随时可用的心理支持工具至关重要。DeepSeek 不仅能成为你的倾听者和建议者，还能助你建立更健康的心理习惯，让你在职场马拉松中保持长久的活力和韧性。

学术助手：高效处理文献与论文写作

论文写作对很多人来说宛如一场漫长的战役，从选题、文献搜集、数据分析到最终成文，每一步都充满挑战。特别是面对大量学术文献时，如何快速筛选、理解并提炼有价值的信息，往往令人头疼不已。这时，DeepSeek 可以成为你的得力助手，大幅提升学术研究和论文写作的效率。

想象一下，你正在准备一篇关于"人工智能在教育领域应用"的论文，面对数十篇甚至上百篇相关文献，传统方法是逐一阅读，做笔记，再进行归纳整理，这可能需要几周时间。而有了 DeepSeek，你可以将文献摘要或关键段落输入，请它帮你提取核心观点、研究方法和主要发现，比如：

"请分析这篇文献的核心观点、研究方法和主要发现：【文献摘要或关键段落】。特别关注其在 AI 教育应用方面的创新点和局限性。"

AI教育应用文献分析框架

以下是对文献核心要素的分析框架，假设文献主题为"AI在教育中的应用"为例：

1. 核心观点

- 核心主张：文献提出AI技术（如自适应学习系统/NLP对话代理/知识图谱）能够通过[具体方式，如个性化学习路径生成、实时反馈、情感识别]显著提升[学习效率/学生参与度/教育公平性]。
- 理论依据：基于[认知科学理论/建构主义学习理论/社会情感学习框架]，强调AI在[具体场景，如差异化教学、过程性评估]中的不可替代性。

2. 研究方法

技术路径

- 算法模型：采用[如Transformer/BERT/强化学习]构建[具体功能，如知识点关联度预测模型/学生认知状态诊断系统]。
- 数据来源：使用[教育平台日志数据/课堂录音/电子作业文本]进行训练，样本量为[N]名学生的[时间跨度]数据。

实验设计

- 对照组设置，实验组使用AI系统，对照组采用[传统教学/其他技术工具]。
- 评估指标，量化指标包括[成绩提升幅度/任务完成时间/互动频次]，质性指标包括[用户访谈/课堂观察记录]。

给 DeepSeek 发送消息

⊗ 深度思考 (R1) ⊕ 联网搜索   📎 ↑

DeepSeek 会快速分析文本内容，提取出关键信息，包括研究问题、采用的方法论、重要发现以及文献的创新点和局限性。这样，你可以在几分钟内获得对文献的整体理解，大大加速筛选过程，确定哪些文献值得深入阅读，哪些可以略过。

对于英文文献，DeepSeek 还能提供精准的翻译服务。不同于机械的逐字翻译，它能理解学术术语和行业专业词汇，保持翻译的专业性和准确性。比如，你可以让DeepSeek 翻译一段复杂的研究方法描述：

"请将这段学术文献中的研究方法部分翻译成中文，保留专业术语的准确性：【英文文本】"

学术文献研究方法翻译总结

以下是您提供的学术文献研究方法部分的中文翻译，专业术语已保留准确性：

研究方法

本研究采用混合方法设计，结合定量分析与质性观察。实验方案遵循随机对照试验（RCT）原则，使用计算机生成的区组随机化序列（区块大小4-6）进行受试者分配。样本量计算基于Cohen's *d*效应量0.5，α=0.05，β=0.2，通过G*Power 3.1软件确定最低样本量128例。

实验组（n=65）接受改良型高压氧疗法（mHBOT），参数设置为2.0 ATA，每次90分钟，每日两次，间隔6小时；对照组（n=63）采用标准治疗方案。双盲实施通过独立研究人员使用opaque密封信封进行分配隐藏。

主要观测指标包括：

1. 血清炎症因子水平（IL-6、TNF-α）检测采用酶联免疫吸附法（ELISA）
2. 神经功能评分使用美国国立卫生研究院卒中量表（NIHSS）
3. 弥散张量成像（DTI）参数采集使用3T MRI扫描仪（西门子Prisma）

统计分析使用SPSS 26.0和R 4.0.2进行。连续变量采用Shapiro-Wilk检验正态性，组间比较使用独立样本t检验或Mann-Whitney U检验。分类变量分析采用卡方检验或Fisher精确检验。纵向数据采用混合效应模型（mixed-effects model）分析，协变量包括年龄、基线评分和合并症指数。显著性阈值设定为p<0.05（双侧），多重比较校正使用Benjamini-Hochberg方法（FDR 0.1）。

补充质性研究通过半结构化访谈（n=15）进行，采用主题分析（Braun & Clarke框架），使用NVivo 12软件进行编码，信度检验通过Cohen's K>0.82达成编码者间一致性。所有实验程序均通过机构伦理委员会批准（IRB#2023-046），符合赫尔辛基宣言伦理准则。

给 DeepSeek 发送消息

深度思考 (R1)　　联网搜索

　　这对于英文水平有限但需要阅读大量英文文献的研究者来说，无疑是一大福音。

　　文献综述是论文写作中最耗时的环节之一。使用DeepSeek，你可以将多篇文献的关键发现输入，请它帮你整合成一个连贯的综述框架：

　　"请基于以下5篇文献的主要发现，生成一个关于'AI在个性化教育中的应用'的文献综述框架，突出研究进展、共同趋势和存在的研究空白：【文献1主要发现】【文献2主要发现】……【文献5主要发现】"

　　DeepSeek不仅能整合信息，还能识别文献间的关联和矛盾，帮你发现研究领域的热点、趋势和尚未解决的问题，为你的研究定位提供宝贵参考。

在论文撰写阶段，DeepSeek 同样能助你一臂之力。从论文结构设计、段落组织到学术语言润色，它都能提供专业支持。例如，当你完成初稿后，可以让 DeepSeek 检查语言表达：

"请对我的论文摘要进行学术语言润色，确保表达专业、准确且符合学术写作规范：【论文摘要】"

DeepSeek 会优化你的语言表达，使其更符合学术写作的严谨性和专业性，同时保留你的原意。它还能帮助检查论文结构的逻辑性，确保论证过程清晰连贯。

对于参考文献格式化这一烦琐任务，DeepSeek 也能提供帮助。无论是 APA、MLA 还是 Chicago 格式，只需提供原始文献信息，DeepSeek 就能生成正确格式的引用：

"请将以下文献信息转换为 APA 第 7 版格式的引用：

作者：John Smith, Mary Johnson；标题：Artificial Intelligence in Elementary Education；期刊：Journal of Educational Technology；年份：2023；卷：45；期：3；页码：128–142"

除了论文写作，DeepSeek 还能帮助准备学术演讲、设计研究方案、分析研究数据等。比如，它可以帮你将复杂的研究发现转化为通俗易懂的演讲稿，或者针对特定研究问题设计问卷调查。

虽然 DeepSeek 能大幅提升学术研究效率，但需要注意的是，它应该作为辅助工具，而非替代你的独立思考和学术判断。最终的研究方向、论点解释和学术贡献仍然需要研究者自己把控。同时，使用 AI 工具辅助学术研究时，应该遵循学术诚信原则，适当注明 AI 工具的使用情况。

通过合理利用 DeepSeek 这一强大的学术助手，你可以将大量时间从机械性的文献处理、资料整理中解放出来，投入到更有创造性的思考和研究中，提升学术研究的质量和效率。

多语言助手：优化跨语言沟通与交流

在全球化浪潮中，语言障碍往往成为阻碍交流的一道高墙。无论是处理国际业务、学习外语，还是与外国朋友沟通，我们都曾面临语言不通的困境。传统的解决方案包括聘请翻译、使用机械翻译软件或花大量时间学习语言，但这些方法要么成本高昂，要么效果欠佳。如今，DeepSeek 凭借其卓越的多语言处理能力，正在成为打破语言壁垒的得力助手。

想象这样一个场景：你收到一封法语邮件，内容可能涉及重要的业务合作机会，但你完全不懂法语。以前，你可能需要找专业翻译，等待数小时甚至数天才能得知邮件内容。现在，你只需将邮件内容复制到 DeepSeek，简单地说："请将这段法语文本翻译成中文，并保持专业商务语调。"几秒钟后，你就能看到准确、流畅的中文翻译，甚至还带有对商务用语的专业处理。

DeepSeek 的翻译能力远超普通翻译工具。它不仅能理解字面意思，还能把握文化背景、专业术语和语境细节。例如：当你需要翻译医学文献时，DeepSeek 会确保专业术语的准确性；当你翻译幽默内容时，它会尽可能保留原文的双关语和文化典故，而不是进行生硬的直译。

除了被动翻译，DeepSeek 还能主动帮你创作多语言内容。假设你需要向日本客户发送一封商务邮件，但你的日语水平有限。你可以向 DeepSeek 描述你的需求：

"请帮我写一封日语商务邮件，向东京的山田先生表达对上次会面的感谢，并希望在下个月初安排一次产品演示。邮件风格应该得体、尊重但不过于拘谨。"

DeepSeek 会为你创作一封符合日本商务礼仪和语言习惯的邮件，既专业又得体。你可以直接使用这封邮件，或者根据需要进行微调。这种能力对于国际业务拓展尤为宝贵，让你能够以母语水平与全球合作伙伴沟通。

学习外语时，DeepSeek 同样能成为你的私人语言教练。比如，你正在学习西班牙语，想练习日常对话。你可以与 DeepSeek 进行角色扮演：

"我正在学习西班牙语，请你扮演咖啡店服务员，用简单的西班牙语与我对话。如果我的表达有误，请纠正我并解释正确的用法。"

DeepSeek 会模拟真实场景，以适当的语速和难度与你对话，耐心纠正你的错误，并解释语法规则和常用表达。这种互动式学习方式比传统的背单词、记语法更加生动有效。

对于需要处理多语言文档的专业人士，DeepSeek 还能提供深度语言分析。例如，法律从业者需要理解外语合同的细微条款，可以请 DeepSeek 不仅翻译文本，还要解释特定法律术语在不同法系中的含义差异。同样，文学工作者可以请 DeepSeek 分析外语诗歌的韵律和修辞手法，帮助理解作品的艺术价值。

除了常见语言如英语、日语、法语、德语等，DeepSeek 还支持许多小语种，甚至包括一些濒危语言。这使得它不仅是商业交流的工具，还能成为文化交流和语言保护的桥梁。

值得一提的是，DeepSeek 在处理中文与其他语言之间的转换时表现尤为出色。由于其深厚的中文理解能力，它能更准确地把握中文表达的细微差别，并在翻译时保留这些特点。这对于中国用户来说是一项独特优势。

虽然 DeepSeek 的多语言能力令人印象深刻，但我们也应该理性看待其局限性。在处理高度专业化的内容、极其复杂的文学作品或者涉及深厚文化背景的材料时，专业人类翻译仍然有其不可替代的价值。DeepSeek 最适合作为日常多语言交流的助手和专业翻译的补充。

通过合理利用 DeepSeek 的多语言能力，我们可以大大降低语言障碍，拓展国际视野，建立更广泛的人际网络，实现更高效的跨文化交流。在这个日益全球化的世界里，这样的能力无疑将成为个人和组织的重要竞争优势。

健康管理：定制化健身与饮食方案

在快节奏的现代生活中，健康往往被我们不知不觉地放到了次要位置。工作压力、时间不足、信息过载，这些都让我们在健康管理上感到力不从心。传统的健身房会员卡或者昂贵的私人教练虽然能提供帮助，但往往缺乏灵活性或者超出预算。而如今，DeepSeek 可以成为你的私人健康顾问，根据你的具体情况，提供个性化的健身计划和饮食建议，帮助你在忙碌的生活中找到健康的平衡点。

想象一下，你最近感觉身体状况下降，想重新开始健身，但不知道如何入手。你可以向 DeepSeek 详细描述你的情况：

"我是一名 32 岁的男性，身高 175 厘米，体重 80 千克，长期久坐办公，最近感觉精力不足，背部酸痛。想开始健身改善情况，但只能安排每周三次，每次40分钟左右。没有健身经验，家里有一对哑铃和瑜伽垫。健身目标是增加肌肉强度，改善姿态，提高精力水平。请设计一个适合我情况的健身计划。"

32岁男性健身计划设计

一、训练频率与结构
每周一/三/五训练（隔天休息）
每次训练40分钟（含热身和拉伸）
结构：动态热身（5分钟）→力量循环训练（25分钟）→核心训练（8分钟）→冷身放松（7分钟）

二、具体训练方案

Day 1：上肢推+下肢训练

1. 哑铃深蹲（3x12-15次）
   ◦ 双脚与肩同宽，哑铃置于肩部
   ◦ 注意膝盖与脚尖方向一致
2. 俯身哑铃划船（3x10-12次/侧）
   ◦ 单臂支撑在椅子，保持背部平直
   ◦ 强化中背部改善驼背
3. 改良式波比跳（3x8-10次）
   ◦ 去掉跳跃的简易版本
   ◦ 提升心肺功能
4. 站姿哑铃推举（3x10次）

给 DeepSeek 发送消息

深度思考 (R1)　　联网搜索

DeepSeek 会根据你的身体状况、时间限制、设备条件和健身目标，设计一个循序渐进的健身方案。它不会简单地复制网上的通用计划，而是会真正考虑到你的具体情况。例如，针对你提到的背部酸痛和久坐问题，它会特别加入一些改善姿势和强化核心肌群的动作。

这个计划不仅包括具体的动作安排、组数和次数，还会附带动作要领说明和常见错误提醒。更重要的是，DeepSeek 会为你设计一个渐进式计划，确保你不会因为一开始就训练过度而受伤或失去兴趣。它可能会建议你先从基础动作开始，掌握正确姿势后再增加难度和强度。

除了健身计划，DeepSeek 还能根据你的身体状况和健身目标，提供匹配的饮食建议：

"基于我之前描述的健身目标和身体状况，请给我制订一个配合健身的饮食计划。我没有食物过敏，但不太喜欢茄子和香菜。平时工作忙，中午常常在外就餐，早餐和晚餐可以自己准备。希望饮食计划简单实用，容易坚持。"

根据您的健身目标和生活习惯，为您设计以下科学且易执行的饮食方案。该计划综合考虑营养配比、烹饪便利性和外食可行性，每日总热量控制在2400-2500大卡（可根据实际消耗调整），三大营养素比例为蛋白质30%、碳水45%、脂肪25%。

一、基础饮食框架

早餐（7:30-8:30）
高蛋白+复合碳水+膳食纤维
加餐（10:30）
优质脂肪+微量营养素
午餐（12:30-13:30）
均衡型外食选择原则
训练前加餐（16:00）
快慢碳结合
晚餐（19:00-19:30）
精益蛋白+抗性淀粉+维生素
睡前加餐（21:00）
缓释蛋白

二、具体执行方案

早餐组合（任选1套）

给 DeepSeek 发送消息

深度思考 (R1)　联网搜索

　　DeepSeek 会为你设计一个平衡的饮食方案，确保摄入足够的蛋白质来支持肌肉恢复和生长，同时考虑到碳水化合物和健康脂肪的合理配比。它会特别注意到你的用餐习惯和口味偏好，提供适合在外就餐时的食物选择建议，以及简单快捷的早餐和晚餐食谱。

　　对于特殊健康需求的人群，DeepSeek 同样能够提供针对性的建议。例如，糖尿病患者可以咨询适合的低血糖指数饮食方案；高血压人群可以获得减盐饮食和合适的运动建议；孕期妇女可以了解安全的运动方式和营养摄入重点。DeepSeek 会根据科学研究和权威指南，给出符合健康原则又切实可行的建议。

　　健身过程中的问题和疑惑往往会影响我们的坚持度。DeepSeek 可以成为你随时可以咨询的教练，解答各种健身困惑：

　　"我开始健身两周后，发现手臂和腿部肌肉特别酸痛，这正常吗？需要暂停训练还是继续？如何缓解这种酸痛感？"

　　DeepSeek 会解释延迟性肌肉酸痛的原理，帮你区分正常的训练后反应和潜在的伤害信号，并提供缓解肌肉酸痛的方法，如适当的拉伸、热敷或冷敷、充分休息等。这种及时的指导和反馈，能让你的健身之路更加顺畅。

　　对于那些已经有一定健身基础，想要突破瓶颈的人，

DeepSeek 也能提供进阶建议。比如，当你的训练进入平台期，感觉进步缓慢时，你可以向 DeepSeek 寻求突破方案：

"我已经坚持力量训练半年了，最近感觉卧推重量停滞不前，保持在 70 千克 ×8 次已经一个月没有提升。我想突破这个瓶颈，应该如何调整训练方案？"

DeepSeek 会根据训练原理，建议你尝试不同的训练变化，如调整训练频率、改变训练组数和强度、引入新的训练技术（如超级组和递减组等）或者适当的周期化训练。这些针对性的调整方案能帮助你持续进步，保持健身的热情和效果。

随着季节和生活状态的变化，你的健身需求可能也会发生改变。DeepSeek 能够根据这些变化提供灵活的调整建议。例如：当夏季来临，你可能想要更偏重于塑形和减脂的训练；当工作特别忙碌时，你可能需要更高效的时间压缩型训练；当旅行在外，设备受限时，你可能需要无器械的身体训练方案。DeepSeek 都能根据这些具体情况，为你量身定制适合的健身计划。

记录和跟踪进度是成功健身的关键。DeepSeek 可以帮助你设计一个简单易行的健身日志模板，记录你的训练内容、身体状态和进步情况。它还能根据你的记录，定期分析你的健身效果，提出改进建议，帮助你持续优化健身方案。

值得强调的是，虽然 DeepSeek 能提供宝贵的健康建议，但它不能替代医疗专业人士的诊断和治疗。对于任何严重的健康问题或者在开始剧烈运动前，特别是有慢性病史的人群，都应该先咨询医生的意见。DeepSeek 本身也会在检测到可能的健康风险时，提醒你寻求专业医疗帮助。

通过 DeepSeek 的健康管理助手功能，你可以获得科学、个性化，且实用的健身和饮食指导，让健康生活不再是口号，而成为日常的一部分。无论你是健身新手还是有经验的健身爱好者，都能从中获益，在忙碌的现代生活中保持健康和活力。

教育辅导：解决孩子的学习难题

"孩子的作业又不会做了，怎么办？"这恐怕是当代家长们最常面临的问题之一。随着教育改革的深入和学科内容的不断更新，许多家长发现自己的知识储备已经跟不上孩子的学习进度，特别是在数学、英语等学科上。

传统做法是报补习班或请家教，但这不仅增加了经济负担，还面临着时间安排、教学质量参差不齐等问题。而今，DeepSeek 可以成为家长和孩子的 24 小时学习助手，随时随地解答疑惑，提供精准辅导。

想象一个常见场景：晚上 9 点，你的孩子正在做数学作业，遇到了一道应用题不会解。你也看了半天没有头绪，但补习班老师已经下班，同学也都在忙着自己的作业。这时，你可以打开 DeepSeek，输入这道题目：

　　"小明家到学校的距离是 3 千米。上学时，他先骑自行车以每小时 12 千米的速度骑了一段路，然后因为路上耽搁了 10 分钟，最后只好跑步以每小时 6 千米的速度赶到学校。已知小明从家里出发到达学校共用了 30 分钟。求小明骑自行车的距离。请详细解释解题思路。"

小明骑车距离计算详解

已知小明家到学校的距离是3千米，他骑自行车的速度是每小时12千米，跑步的速度是每小时6千米，总用时30分钟（0.5小时），其中包括路上耽搁的10分钟（1/6小时）。求小明骑自行车的距离。

1. **设变量**：设小明骑自行车的距离为 x 千米，则跑步的距离为 $3 - x$ 千米。

2. **计算各部分时间**：
   - 骑自行车的时间：$\frac{x}{12}$ 小时
   - 跑步的时间：$\frac{3-x}{6}$ 小时
   - 耽搁的时间：$\frac{1}{6}$ 小时

3. **建立方程**：总时间等于各部分时间之和：

$$\frac{x}{12} + \frac{3-x}{6} + \frac{1}{6} = 0.5$$

4. **解方程**：
   - 将方程两边乘以12以消去分母：

$$x + 2(3 - x) + 2 = 6$$

   - 展开并合并同类项：

$$x + 6 - 2x + 2 = 6$$

$$-x + 8 = 6$$

$$-x = -2$$

$$x = 2$$

给 DeepSeek 发送消息

🔲 深度思考 (R1)　🌐 联网搜索　　　　　📎 ⬆

　　DeepSeek 会像一位耐心的老师，先分析题目，理清已知条件和求解目标，然后一步步引导解题过程。它不会简单地给出答案，而是详细解释每一步的思路和计算过程，确保孩子真正理解解题方法。

对于英语学习，DeepSeek 同样能提供全方位的支持。从词汇释义、语法讲解到作文修改，DeepSeek 都能胜任。例如，当孩子不理解一个英语句子的结构时，可以请 DeepSeek 进行详细分析：

"请解释这个英语句子的结构：'Having finished her homework, she decided to watch TV.'这种结构在英语中是如何使用的？能否提供几个类似的例句？"

英语分词短语作状语用法解析

这个句子"Having finished her homework, she decided to watch TV."的结构属于"分词短语作状语"，具体是**现在分词的完成式（having + 过去分词）**，表示一个动作在主句动作发生之前已经完成。以下是详细解析和类似例句：

---

1. 结构分析

- **分词短语：Having finished her homework**
  - Having finished 是现在分词的完成式，强调动作在主语后续动作（decided）之前完成。
  - 逻辑主语必须与主句一致（此处是 she）。
- **主句：she decided to watch TV**
  - 主句描述主要动作（决定看电视），发生在分词动作之后。

---

2. 核心功能

- **表示时间顺序**：分词动作先于主句动作完成。
  - 相当于：*After she had finished her homework, she decided to watch TV.*
- **表示因果关系**：分词动作是主句动作的原因。
  - 相当于：*Because she had finished her homework, she decided to watch TV.*

---

3. 类似例句   ⌄

给 DeepSeek 发送消息

🔲 深度思考 (R1)   ⊕ 联网搜索   📎 ⬆

DeepSeek 会解释这是一个现在分词短语作为状语的用法，表示"在完成作业之后"，然后提供类似的例句和使用场景，帮助孩子掌握这一语法点。对于英语作文，DeepSeek 不仅能够修改语法错误，还能提供表达优化建议，帮助孩子的英语写作更加地道流畅。

物理、化学等学科往往涉及抽象概念和复杂原理，对不少学生来说是学习难点。DeepSeek 能够将这些抽象概念具象化，用生动的比喻和日常生活的例子来解释深奥的原理。比如：解释电流与电压的关系时，可能会用水流和水压的类比；讲解化学反应速率时，可能会用人们排队通过窄门的场景来比喻。这些形象的解释能够帮助孩子更好地理解和记忆科学知识。

除了解答具体的学科问题，DeepSeek 还能帮助孩子制订学习计划、提供记忆方法和学习技巧。例如，当孩子面临期末考试压力大，不知道如何有效复习时，可以向 DeepSeek 寻求建议：

"我的孩子是初二学生，两周后有期末考试，主要考语文、数学、英语、物理和化学。目前数学和物理成绩比较薄弱。请帮忙制订一个合理的复习计划，包括各科复习重点和有效的学习方法。"

初二期末复习计划与方法指导

以下是为初二学生制定的两周期末复习计划，兼顾各科平衡并重点突破数学、物理薄弱环节，具体安排如下：

一、复习时间分配（每天3-4小时）

时间段	科目安排	学习方式
第1周	**系统梳理+专项突破**	
每日1.5小时	数学+物理（交替主攻）	公式推导+题型分类练习
每日1小时	语文/英语（隔天轮换）	积累性内容+技巧训练
每日0.5小时	化学	核心概念+实验题强化
第2周	**模拟考试+查漏补缺**	
每日2小时	数学/物理综合卷（隔天一套）	限时训练+错题归因分析
每日1小时	语文/英语/化学（滚动复习）	重点题型模板+高频考点记忆
每日0.5小时	全科错题重做	红笔标记易错点

二、分科复习重点与策略

1. 数学（核心突破）

给 DeepSeek 发送消息

深度思考 (R1)　　联网搜索

　　DeepSeek 会根据学科特点和考试临近程度，设计一个平衡各科、突出重点的复习计划，并提供针对数学和物理这两个薄弱学科的具体学习策略和方法。

　　对于家长来说，DeepSeek 还能成为解答教育困惑的顾问。当你不确定如何激发孩子的学习兴趣，或者如何处理孩子的学习压力时，都可以向 DeepSeek 寻求建议：

　　"我的孩子最近对学习没有兴趣，特别是对阅读感到厌烦。有什么方法可以激发他的阅读兴趣？适合11岁男孩的推荐书目有哪些？"

DeepSeek 会结合儿童教育心理学和阅读推广的经验，提供实用的建议，如如何创造愉快的阅读环境、如何通过游戏化方式激发阅读兴趣等，并推荐适合这一年龄段男孩的图书清单。

值得注意的是，虽然 DeepSeek 能提供有价值的教育辅导，但它不应该完全取代人际互动和真实教育场景中的学习。DeepSeek 最好的定位是作为辅助工具，配合学校教育和家庭教育，为孩子提供额外的支持和资源。同时，应鼓励孩子在使用 DeepSeek 时保持独立思考的能力，而不是过度依赖 AI 的答案。

旅行规划：打造个性化旅行体验

旅行是生活中最令人期待的事情之一，但完美旅行的背后往往是烦琐的准备工作——查攻略、订住宿、规划路线、了解当地文化和美食……这些准备工作若做不好，可能会影响整个旅行体验。特别是当我们想要一次与众不同的旅行，不走大众路线时，这种准备工作更加复杂。而现在，DeepSeek 可以成为你的私人旅行顾问，帮你打造真正符合个人喜好的定制化旅行体验。

想象你计划一次云南之旅，但不想跟随传统的旅游团走马观花，也不想被困在烦琐的攻略中。你可以向

DeepSeek 描述你的旅行偏好和具体需求：

"我计划 8 月份去云南旅行 7 天，和家人一起（两个成人，一个 10 岁孩子）。我们对自然风光和少数民族文化特别感兴趣，喜欢轻度徒步，但不想太赶路。预算约 10000 元，不含往返机票。希望能体验一些当地特色，不只是去热门景点。请帮我规划一个合理的行程。"

DeepSeek 会根据你的具体需求，设计一个平衡景点观光、文化体验和休闲时光的个性化行程。它不会简单地列出热门景点，而是会考虑到季节因素（8 月云南部分地区是雨季）、家庭结构（有孩子因而需要适合儿童的活动）、兴趣偏好（自然风光和民族文化）和预算限制，提供真正符合你需求的旅行建议。

基于您的需求和云南8月旅行特点，结合多个搜索结果中的小众体验，我为您规划以下7天深度亲子行程（总预算约9800元，含特色活动和轻徒步）：

🏕 **行程特色**

- **避开人潮**：仅保留大理古城夜间游览，其他时间深入白族、摩梭族、彝族原生态村落
- **自然+人文平衡**：每天1项轻徒步+1项民族文化体验，徒步总里程控制在30km内
- **特色住宿**：沙溪夯土民宿＋泸沽湖湖畔木屋＋周城百年白族院落
- **在地美食**：野生菌火锅、马帮铜壶煮茶、摩梭飘荡宴等6种特色餐

📅 **每日行程**

Day1 大理初探｜白族非遗初体验
- 下午：抵达后入住周城「蓝续扎染小院」，参与白族三道茶制作 ⑤
- 傍晚：跟随非遗传承人体验扎染（可制作亲子装）
- 夜间：大理古城南门文献路觅食（推荐酸木瓜鱼）

Day2 苍山秘境｜轻徒步+古村探访
- 上午：乘中和索道至苍山玉带路，徒步4.5km至七龙女池（海拔2300米，树荫覆盖）
- 下午：探访莫残溪古村，学习白族木雕技艺
- 特色住宿：洱源牛街温泉民宿（浪天然硫磺泉缓解疲劳）

↓

有问题，尽管问，shift+enter换行

DeepSeek ∨　⊕ 深度思考(R1)　⊕ 联网搜索

这份旅行规划不仅包括每天的行程安排，还会附带实用信息，如推荐的住宿区域、交通方式选择、当地特色餐厅、最佳游览时间，甚至是小贴士，如携带防雨装备、防蚊虫用品等。更重要的是，DeepSeek 会在规划中融入一些非典型的旅行体验，如参加当地少数民族的家庭晚餐、在非旅游时段参观热门景点以避开人群或者探访一些只有当地人知道的隐秘美景。

在旅行前的准备阶段，DeepSeek 还能帮你解决各种实际问题。例如，当你不确定该如何打包行李时，可以咨询：

"8月去云南大理和丽江7天，需要带什么衣物和装备？会不会很热？需要带雨具吗？有什么特别需要注意的物品？"

根据2025年最新云南旅游攻略，结合大理和丽江8月的气候特点（昼夜温差大、紫外线强、多阵雨），以下是出行建议：

一、衣物装备清单

1.**基础衣物**

- **短袖/透气衬衫**：白天温度约20-28℃，适合轻便的棉麻材质衣物 **1 3 6**；
- **薄外套/防晒衣**：丽江夜间可能降至14-17℃，大理夜间约16℃，需防风保暖 **2 4 8**；
- **长裤+长裙**：兼顾防晒和拍照需求，高海拔地区建议选择长裤 **7 10**；
- **保暖层**：若计划去玉龙雪山或香格里拉，需备薄羽绒服或冲锋衣 **1 10**。

2.**鞋类**

- **防滑运动鞋/徒步鞋**：古城石板路和山地徒步必备，避免穿高跟鞋 **2 5 9**；
- **凉鞋/拖鞋**：酒店或短途散步使用 **5**。

3.**防晒装备**

- **SPF50+防晒霜**：高原紫外线极强，需每2小时补涂 **1 7 9**；
- **宽檐帽+墨镜**：物理防晒双重保护 **1 2 10**。

4.**雨具**

- **折叠雨伞/雨衣**：8月为雨季，阵雨频繁，建议选择轻便型 **3 7 9**；
- **防水鞋套/防水袋**：保护电子设备和鞋子 **9 10**。

↓

有问题，尽管问，shift+enter换行

DeepSeek ∨　深度思考 (R1)　联网搜索

DeepSeek 会告诉你云南高原地区昼夜温差大，建议带长袖外套；8 月是雨季，轻便雨具必不可少；同时也会提醒你带上防晒用品、防蚊虫喷雾、适合徒步的舒适鞋子等，甚至会建议携带一些常用药品如感冒药、肠胃药等，以防不时之需。

对于想要深入了解目的地文化的旅行者，DeepSeek 可以提供丰富的背景知识。比如，你可以在去丽江前了解纳西族的历史和东巴文化：

"请介绍云南丽江纳西族的历史和文化特点，特别是东巴文化的独特之处。有哪些地方可以深入体验这种文化？"

总结下来，结构大概分为历史沿革、文化特点（重点东巴文化）、体验地点三个部分，每个部分整合不同网页的信息，正确引用编号，确保信息准确全面。

一、纳西族的历史沿革

1. 起源与迁徙

纳西族源于古代羌氐族群，早期活动于西北河湟地区，后逐渐南迁至川滇交界处，最终定居于云南丽江及周边地区 ⑥ 。其历史最早可追溯至东汉末年的"摩沙夷"，唐宋时期属大理国管辖，形成相对独立的部落联盟 ①④ 。

2. 土司制度的兴衰

元朝忽必烈南征后，纳西首领麦良归附，被授予土司官职，开启了丽江木氏土司470年的统治。明代木氏土司鼎盛时期，势力扩展至川、藏地区，并积极引进中原技术、文化和宗教，推动经济与艺术发展（如"白沙壁画"）①⑤ 。1723年清朝实施"改土归流"，废除土司特权，建立封建地主经济，但也导致传统文化衰落 ②⑤ 。

3. 近现代发展

纳西族在抗日战争中参与修建白沙机场、支持"驼峰航线"，并在解放战争中建立革命根据地。1997年丽江古城被列为世界文化遗产，2003年东巴古籍入选"世界记忆遗产"，成为民族文化保护的重要里程碑 ①③ 。

二、文化特点与东巴文化的独特之处

1. 东巴文化的核心元素

- 东巴文字：世界上唯一仍被使用的象形文字，约1400个单字，以图画形式记录宗教、历史与生活，被称为"活着的化石" ⑥⑪ 。
- 东巴经：纳西族的百科全书，涵盖神话、医学、天文等内容，如《创世纪》记载了始祖传说与宇宙观 ⑥⑪

有问题，尽管问，shift+enter换行

DeepSeek ∨　⊕ 深度思考(R1)　⊕ 联网搜索

DeepSeek 会为你提供关于纳西族历史、东巴文字、纳西族传统音乐和舞蹈的信息，并推荐一些可以深入体验的地方，如东巴文化博物馆、白沙古镇的东巴壁画等。这些知识不仅能让你的旅行更加充实，还能帮助你与当地人进行更有意义的交流。

旅行中的突发状况是难以避免的，此时 DeepSeek 也能提供及时帮助。假设你在旅行中遇到了语言障碍，可以使用 DeepSeek 进行即时翻译；如果遇到交通延误需要临时调整行程，可以向 DeepSeek 寻求替代方案；如果对当地的某道美食感到好奇但不知道是什么，可以拍照上传给 DeepSeek 询问。这些实时支持能够帮你从容应对旅途中的各种挑战。

值得注意的是，虽然 DeepSeek 能提供丰富的旅行建议，但在某些特定场景下，例如紧急情况处理、高度个性化的冒险活动等，仍然建议咨询专业的旅行顾问或导游。同时，旅行计划应该保持一定的灵活性，允许根据现场情况和个人感受进行调整。

通过 DeepSeek 的旅行规划助手功能，你可以省去大量搜集和整理信息的时间，获得一份真正符合个人需求的旅行计划。无论是周末短途游还是长假远行，无论是探索自然风光还是体验异国文化，DeepSeek 都能帮助你规划一次难忘的旅行，让每一次出行都成为珍贵的生活体验。

社交沟通技巧：提升人际关系的 AI 辅助方案

人际关系是事业和生活的基础，而沟通常常是关系中最具挑战的部分。让 DeepSeek 成为你的沟通教练，助你打造更丰富的社交网络！

情境对话脚本生成

面对重要沟通场景，让 DeepSeek 帮你准备得体的表达：

"我需要向团队领导提出加薪请求，但我不想显得咄咄逼人。请提供一个谈话脚本，包括如何开场、如何陈述成就、如何提出具体要求以及如何应对可能的拒绝。"

以下是一份基于多篇权威指南整理的高情商加薪谈话脚本，包含具体话术及应对策略，关键要点均标主了参考来源：

开场铺垫（营造积极氛围）

话术示例：

"领导，感谢您抽出时间沟通。在您指导下，过去一年我主导的 XX 项目提前 2 个月完成，客户满意度达到 98% ②。这段经历让我深刻感受到团队协作的力量，也让我更有信心承担更重要的职责。今天想和您聊聊我的职业发展，特别是薪资调整的可能性。"

策略解析：

· 选择领导相对空闲、近期团队取得成绩的时间点（如季度总结后）② ⑥
· 先通过具体案例展示价值（如项目成果、成本节省数据），避免直接谈钱 ③ ⑧
· 用"职业发展"替代"加薪请求"降低攻击性 ⑦

成就陈述（数据化呈现贡献）

话术示例：

"这是我整理的《岗位价值说明》，过去 18 个月我完成了三项突破：

1. 优化 XX 流程，使部门月度产能提升 30%，年节省成本约 120 万（附系统截图）②
2. 培养 3 名新人，团队项目交付周期从 45 天缩短至 28 天 ②
3. 主导开发的客户管理系统，使复购率提升 22%（展示 ↓ 数据）②
   目前我的薪资与同行相比存在 20% 差距（展示招聘网站薪资报告）③ ⑥，希望能调整到市场 75 分位值。"

有问题，尽管问，shift+enter换行

DeepSeek ∨   深度思考(R1)   联网搜索

沟通风格分析与调整

了解自己的沟通模式，找到改进空间：

"以下是我与同事的一段对话记录，评估我的沟通风格优缺点，并提供 3~5 条具体的改进建议。"

由于您未提供具体的对话记录文本，我将基于常见的沟通风格理论框架（结合搜索结果中的四种典型类型）进行通用分析，并给出改进建议。您可以根据实际对话中的表现对应调整。

沟通风格评估框架（参考四种典型类型）

根据搜索结果，沟通风格通常分为以下四类 [1][5][6]：

1. 支配型（老虎型）：目标导向、果断直接，但可能缺乏耐心和同理心。
2. 表现型（孔雀型）：热情外向、注重关系，但可能逻辑性不足或过于自我。
3. 分析型（猫头鹰型）：严谨细致、追求事实，但可能显得保守或挑剔。
4. 随和型（考拉型）：温和包容、避免冲突，但可能缺乏主见或目标感。

通用优缺点分析（需结合您的实际表现）

潜在优点（可能符合的特征）

1. 高效传递信息：若对话中目标明确、逻辑清晰，可能属于支配型或分析型，优点是能快速推进事务 [1][8]。
2. 关注对方感受：若对话中多用赞美、提问或倾听，可能偏向表现型或随和型，优点是利于建立信任 [5][6]。
3. 注重事实依据：若频繁引用数据或案例，可能接近分析型，优点是增强说服力 [1][9]。

潜在改进点（常见问题）

1. 单向输出过多：若较少提问或确认对方理解，可能降低互动质量（需加强倾听）[1][10]。

有问题，尽管问，shift+enter换行

DeepSeek ∨　⊕ 深度思考(R1)　⊕ 联网搜索

冲突解决策略定制

人际冲突不可避免，关键是如何妥善处理：

"我和室友在家务分配上经常发生争执。他认为我没

做够分内事，而我觉得他标准太高。请提供一个建设性解决这一冲突的对话框架。"

家务分配冲突解决框架

第一阶段：准备共识（5分钟）

1. 共同目标确认
   - "我们都希望家里保持舒适，同时避免为此消耗太多精力对吗？"
   - "这次谈话是为了找到双方都能接受的方案，而不是争输赢"

2. 制定基本规则
   - "我们轮流完整表达观点时，另一方先不打断"
   - "尽量用具体行为描述，避免用'总是/从不'这类绝对词"

第二阶段：需求澄清（15分钟）

采用"观察-感受-需求"表达法，每人轮流发言

A. 表达方（举例）

1. 观察事实："我注意到上周垃圾是我倒了三次，你倒了一次"
2. 具体感受："这让我觉得压力有点大，下班回家还要处理堆积的家务"
3. 核心需求："其实我需要的是厨房台面不堆积隔夜碗碟，这样早上做饭更方便"

B. 倾听方回应模板

- "我听到你在意的是___（复述对方需求），这点我们可以怎么调整？"
- "关于___（具体事件），我的视角是...，可能有信息差需要对齐"

第三阶段：方案共创（15分钟）

给 DeepSeek 发送消息

深度思考 (R1)　　联网搜索

社交网络构建与维护

人脉需要经营，DeepSeek 能帮你设计社交策略：

"我刚换到一个新城市工作，希望建立个人和职业社交圈。请提供一个为期 3 个月的社交网络构建计划，包括线上和线下活动建议。"

以下是一个为期3个月的社交网络构建计划，结合线上与线下策略，助你高效建立个人及职业社交圈：

第一阶段：基础搭建（第1-2周）

1. 明确目标画像 & 优化线上形象

- 根据职业领域（如科技/金融/教育）和个人兴趣（如摄影/徒步/阅读），制定两类社交目标清单 ① ④

- 完善LinkedIn资料：上传职业照，添加技能认证，撰写项目成果摘要；同步更新微信/Meetup等平台简介，突出专业标签（如"AI产品经理|徒步爱好者"）③ ④

- 使用网页工具（如Canva）设计电子名片，含联系方式及个人主页链接，便于快速分享 ⑧

2. 线上社群渗透

- 加入5-8个本地行业群组（如"上海金融从业者联盟"），每天参与1次话题讨论 ③

- 注册Meetup或豆瓣同城，筛选3个固定活动（如每周三创业沙龙、周四读书会）⑨ ⑩

- 参与知识分享：在知乎/领英发布2篇行业观察短文，吸引潜在人脉互动 ④

第二阶段：深度拓展（第3-6周）

1. 线下高频曝光

- 职业场景：
  - 参加2场行业峰会（提前联系主办方争取论坛者 ↓ 增加曝光）⑩
  - 预约3位目标企业员工进行咖啡约谈（通过领英InMail礼貌邀约，准备具体问题如"请教本地市场拓展经

有问题，尽管问，shift+enter换行

DeepSeek ∨   ⊕ 深度思考(R1)   ⊕ 联网搜索   ⬚ ⬆ ▶

有效沟通不是天生的，而是可以习得的技能。DeepSeek 这位 24/7[①] 随时待命的沟通教练，让你在每次重要对话前都能胸有成竹！

专业技能学习：构建个人知识体系的速成指南

终身学习已成为职场生存的必备能力，但面对信息爆炸，如何高效学习成为关键。DeepSeek 将彻底改变你的学

---

① 24/7 是 24 小时 / 7 天的缩写，表示持续无休的状态。——编者注

·153·

习方式！

个性化学习路径设计

让 DeepSeek 为你量身定制学习计划：

"我是一名市场营销专业应届生，希望在 6 个月内学习数据分析技能以提升竞争力。我每周可投入 10 小时学习时间，没有编程基础。请设计一个循序渐进的学习路径。"

根据你的背景和学习需求，结合市场营销与数据分析的交叉应用场景，我为你设计了一个为期6个月、每周10小时的学习路径。该路径分为基础夯实、工具进阶、实战应用、职业衔接四个阶段，兼顾零基础友好性和市场竞争力提升。

一、基础夯实阶段（第1-2月）

学习目标：掌握数据分析核心思维与基础工具

1. 数据分析思维构建（每周3小时）
- 学习统计学基础：重点掌握均值/中位数/标准差、相关性分析、回归分析等基础概念（网页1、8）
- 理解市场营销场景中的分析框架：AARRR模型、RFM客户分层、营销归因模型（网页1、5）
- 推荐资源：B站《戴师兄数据分析启蒙课》、书籍《深入浅出统计学》

2. Excel深度应用（每周4小时）
- 数据清洗：VLOOKUP/数据透视表/条件格式
- 基础分析：构建营销费用ROI测算模型、渠道转化漏斗
- 可视化：动态图表制作与仪表盘搭建（网页2、8）
- 实战案例：用2019-2024年某快消品销售数据制作月度销售报告

3. SQL入门（每周3小时）
- 重点学习SELECT查询、JOIN关联、窗口函数
- 通过牛客网/LeetCode完成20道营销场景练习题（网页8）

有问题，尽管问，shift+enter换行

DeepSeek ∨ ⊕ 深度思考(R1) ⊕ 联网搜索

知识图谱构建工具

系统化你的学习内容，建立知识连接：

"我正在学习'机器学习'，请帮我构建一个包含核心概念、算法分类、应用场景和学习资源的知识图谱，以便我系统性掌握这一领域。"

以下是基于核心概念、算法分类、应用场景和学习资源构建的机器学习知识图谱，结合多领域权威资料整理而成：

一、核心概念

1. 机器学习定义
- 通过数据训练模型，使计算机从数据中学习规律并做出预测或决策[1][3]。区别于传统编程，无需预设规则，强调"学而知之"[1][5]。
- 核心组成：数据（原料库）、算法（学习方法）、模型（学习成果）、训练（参数优化）[4][5]。

2. 关键要素
- 数据：需经过清洗、标注和预处理，分为训练集、验证集和测试集[5][11]。
- 特征：从数据中提取的关键信息（如文本的情感词、图像的边缘特征）[4]。
- 模型：数学函数或算法结构（如神经网络、决策树）[5][7]。
- 训练：通过调整模型参数最小化预测误差（如梯度下降）[4][5]。

二、算法分类

1. 监督学习
- 特点：输入数据带标签（如分类、回归）[6][8]。
- 算法：线性回归、逻辑回归、支持向量机（SVM）↓ 策树、随机森林[7][8]。
- 应用：垃圾邮件识别、房价预测[4][9]。

有问题，尽管问，shift+enter换行

DeepSeek ∨　◈ 深度思考(R1)　⊕ 联网搜索

概念解析与简化

深奥概念不再难懂，DeepSeek 能用通俗语言解释复杂知识：

"请用三种不同的难度级别解释'区块链'技术：①给 10 岁孩子的解释，②给高中生的解释，③给非技术背景的成人的解释。"

区块链技术通俗解释

① 给 10 岁孩子的解释：

想象你和朋友们一起玩一个游戏，每个人都有一个相同的笔记本📓。每次有人交换玩具或卡片时，所有人都会在自己的笔记本上记录这件事。比如你用小汽车换小明的恐龙卡片，大家都会写下："今天，小蓝用红色小汽车换了小明的绿色恐龙卡！"

这样，如果有人偷偷想改自己的记录（比如小明说"我没拿小汽车！"），其他小朋友都会说："不对！我们所有人的本子都写着你换了！"

区块链就是这个超级公平的笔记本系统——所有人一起记录，谁都不能偷偷作弊！

---

② 给高中生的解释：

区块链就像一个「全网共享的加密账本」。假设你和同学一起管理一个在线表格📋，记录每次班级活动的开支。每次有人花钱（比如买饮料），这笔交易会被打包成一个「区块」，并通过数学密码（哈希算法）链接到之前的记录上，形成一条链。

关键特点是：

1 去中心化： 表格不存班长电脑里，全班电脑都有备份；

2 不可篡改： 如果有人想偷偷改记录，必须同时改掉全班一半以上的电脑数据（几乎不可能）；

3 透明可查： 所有人随时能查账，但交易用代号保护隐私。

区块链技术最初是比特币的底层系统，现在也用于合同、投票等需要信任的场景。

---

③ 给非技术背景成人的解释：

区块链是一种「分布式数据库技术」，核心是解决信任问题。

传统方式： 比如银行转账，依赖银行这个中心机构记账；

区块链方式： 交易数据由成千上万台计算机共同验证和存储，形成一个不断增长的「数据块链条」。

⌄

给 DeepSeek 发送消息

🔲 深度思考 (R1)　🌐 联网搜索　　　　　　　　　　　　　　📎　⬆

学习笔记与复习资料生成

提升学习效率，DeepSeek 帮你整理关键信息：

"我刚学习了一篇关于'行为经济学'的长文，内容涉及认知偏差、有限理性和社会影响。请帮我生成一份结构化的学习笔记和便于复习的思维导图。"

以下是为您整理的行为经济学学习笔记及思维导图框架，综合多篇文献核心内容 [1] [3] [4]：

一、基础理论框架

1. 学科定位

- **传统经济学批判**：质疑"理性经济人"假设，认为决策受心理、社会和环境因素影响 [2] [3]
- **核心突破**：有限理性（Bounded Rationality）、社会偏好（Social Preferences）、系统性偏差（Anomalies） [1] [3]
- **方法论**：实验经济学（实验室/田野实验）、案例分析、认知心理学融合 [1] [3]

2. 三大理论支柱

- **前景理论**（Prospect Theory）
  - 损失厌恶：损失带来的痛苦是同等收益的2倍 [4] [6]
  - 参照依赖：决策基于参照点而非绝对价值（如股票投资的"回本"执念） [1] [6]
- **双系统理论**
  - 系统1（直觉）：快速、情绪化决策（如恐慌抛售股票） [3] [6]
  - 系统2（理性）：缓慢、逻辑化决策（如长期投资规划） [3]
- **社会偏好理论**
  - 利他行为：40%奢侈品购买受社交影响 [1]

有问题，尽管问，shift+enter换行

DeepSeek ⌄　⊕ 深度思考(R1)　⊕ 联网搜索

学习效率决定你的职场高度。有了 DeepSeek 这位 AI 学习教练，你可以在信息海洋中精准导航，实现知识的快速积累与应用！

生活智慧百科：从家居布置到育儿知识的全能助手

生活中的各种场景都需要专业知识，但没人能样样精通。现在，DeepSeek 可以成为你的生活百科全书，从家居到健康，无所不包！

家居设计与布置顾问

让 DeepSeek 帮你打造理想的居住空间：

"我有一个 60 平方米的单身公寓，希望兼顾舒适感和实用性。请提供一份包含家具布局、色彩搭配和收纳方案的家居设计指南。"

以下是为60平米单身公寓设计的家居指南，涵盖布局、色彩与收纳方案，结合实用性与舒适感，综合多个设计案例的专业建议：

一、空间布局优化

1. 开放式核心区

- 客餐厨一体化：拆除非承重墙，将客厅、餐厅与厨房打通，形成视觉延伸感。例如，将厨房岛台与餐桌结合，搭配吧台椅实现用餐与备餐功能 2 4 。
- 沙发与电视布局：采用L型或小型转角沙发靠墙摆放，搭配壁挂式电视柜，节省地面空间；电视墙可设计嵌入式储物格，兼顾收纳与展示 1 5 。

2. 灵活分区设计

- 软隔断替代实体墙：使用玻璃移门、纱帘或半高书架划分卧室与公共区域，保证采光通透的同时增加私密性 4 14 。
- 多功能家具：选择折叠餐桌、沙发床（如宜家汉尼斯系列）或升降式榻榻米，满足临时留宿需求 6 11 。

二、色彩搭配方案

1. 基础色调选择

- 扩大空间感：墙面与天花板采用统一浅色（如米白、浅灰），搭配原木色地板，营造明亮温馨的基调 5 10 。

↓

有问题，尽管问，shift+enter换行

DeepSeek ∨ ⊕ 深度思考(R1) ⊕ 联网搜索

健康生活方案定制

个性化的健康建议尽在指尖：

"我是一名 35 岁的 IT 从业者，久坐办公，近期颈椎

和腰椎不适，请提供一套适合工作日的保健方案，包括饮食建议、伸展运动和工作姿势调整。"

IT从业者工作日保健方案

针对您的久坐工作性质和颈椎腰椎不适的问题，以下是为您量身定制的工作日保健方案，兼顾科学性、实用性和可操作性：

一、智能工作姿势调整方案

1. 屏幕定位法则

- 屏幕顶部与眉毛平齐，保持平视时屏幕中央位于视线下15°
- 使用支架调整笔记本高度（推荐双屏：笔记本+外接显示器）

2. 人体工学坐姿

- 采用「三个直角」原则：髋关节90°、膝关节90°、肘关节90°
- 腰部支撑技巧：卷起毛巾置于腰椎L4-L5位置（腰带上方约5cm）

3. 动态坐姿管理

- 每30分钟切换坐姿：前倾→直立→后仰循环
- 使用智能提醒软件（如Stand Up!）每小时强制站立3分钟

二、办公室高效运动处方

晨间唤醒序列（5分钟）

1. 门框胸肌拉伸（每侧30秒）
2. 动态猫牛式（10次/组×2）
3. 眼球追踪训练（上下左右各10次）

每小时微运动（2分钟/次）

- 颈椎三维运动：点头→仰头→侧屈→旋转（各方向5次）

给 DeepSeek 发送消息

深度思考 (R1)　联网搜索

亲子教育智慧库

科学育儿不再困难，DeepSeek 为你提供专业指导：

"我有一个 4 岁的女儿，性格比较内向，在幼儿园不太愿意与其他孩子交流。请提供 5~8 个能帮助培养她社交能力的亲子活动，以及与老师沟通的建议。"

4岁内向孩子社交能力培养方案

为帮助4岁内向孩子提升社交能力，以下推荐6个循序渐进的亲子活动和4个与老师沟通的关键策略，帮助孩子在安全的环境中逐步建立社交自信：

一、分阶段亲子社交活动（从家庭到社交场景）

1. 角色扮演升级游戏

- 初级：家庭剧场（模拟买菜、看病等日常场景）
- 进阶：幼儿园情景还原（轮流玩玩具、分享绘本）
- 技巧：准备对话模板"我可以和你一起玩吗？""这个送给你"

2. 渐进式社交接触练习

　　① 家庭合作手工：亲子完成树叶贴画后
　　② 邀请1个朋友加入：共同完成未完成的贴画
　　③ 小组创作：邀请2-3个孩子进行主题绘画

3. 社交绘本互动三部曲

- 共读阶段：《波西和皮普》《青蛙弗洛格》
- 讨论引导："小兔为什么皱眉？""怎么帮助它？"
- 情景演绎：用玩偶重现故事冲突解决

4. 情绪认知训练

- 制作心情天气表：晴天=开心/雨天=难过
- 玩"情绪猜猜卡"：通过表情识别情绪
- 每日分享会：轮流说"今天最开心的事"

5. 户外社交准备活动

- 观察学习：在游乐场先观察其他孩子游戏

∨

给 DeepSeek 发送消息

⊗ 深度思考 (R1)　　⊕ 联网搜索　　　　　　　　　　　　　　　　📎　↑

生活技能速成指南

从烹饪到修理，生活技能一网打尽：

"我想学习基础烹饪技巧，请提供一个为期两周的'厨房新手入门计划'，包括必备厨具清单、基础技巧练习和10道适合新手的食谱。"

两周厨房新手入门计划指南

以下是为您定制的两周厨房新手入门计划，包含厨具清单、每日学习目标和10道循序渐进的新手友好食谱：

【必备厨具清单】

基础配置（满足90%日常需求）：

1. 炒锅（推荐不粘锅或铸铁锅）
2. 汤锅（18-20cm深锅）
3. 厨房刀三件套（主厨刀+水果刀+削皮刀）
4. 砧板（生熟分开，推荐PP材质）
5. 硅胶锅铲+汤勺+漏勺
6. 量杯/厨房秤
7. 碗盘套装（深碗+平盘）
8. 烤箱/空气炸锅（可选）

【两周学习计划】

第一周：掌握厨房基础操作

Day 1-2 | 刀工训练

- 练习：洋葱丁、胡萝卜丝、土豆片（厚度均匀）
- 安全口诀：手指蜷曲抵刀背，手腕发力推切
- 菜谱：凉拌黄瓜（练习拍蒜）、蔬菜沙拉（练习切块）

Day 3-4 | 火候控制

- 练习：①煮意面（沸水+盐）②煎蛋（中火单面凝固）

给 DeepSeek 发送消息

深度思考 (R1)　　联网搜索

生活中的每个问题都有解决方案，而 DeepSeek 让这些解决方案触手可及。无论是家居布置、健康管理还是育儿难题，AI 都能为你提供专业、实用的指导！

通过本章的介绍，我们看到 DeepSeek 不仅仅是一个简单的 AI 聊天工具，而是可以深入到我们工作和生活各个方面的全能助手。无论是解答法律疑惑、缓解心理压力、提升学术效率、突破语言障碍、健康管理、教育辅导、旅行规划、社交沟通、专业技能还是生活智慧，DeepSeek 都

能提供量身定制的解决方案。

当然，在使用这些功能时，我们也应该保持理性认识，明确 AI 的辅助角色，在需要专业建议的重要问题上，仍然应该寻求相关领域的专业人士帮助。随着你对 DeepSeek 的深入了解和熟练应用，它将成为你提升工作效率和生活品质的得力助手，帮助你在这个信息爆炸的时代更加从容不迫地应对各种挑战。

第 5 章

DeepSeek
超级武器库

提示词终极宝典：复制即用的高效模板

人们常说工欲善其事，必先利其器。在使用 DeepSeek 这类强大的 AI 工具时，提示词就是你手中的武器。掌握高效的提示词技巧，就像厨师掌握了刀工，画家掌握了笔触，能让你事半功倍。

提示词的质量直接决定了 AI 回答的质量。一个精心设计的提示词可以让 DeepSeek 准确理解你的需求，提供更有价值的回答。相反，模糊不清的提问只会得到泛泛而谈的回应。这个终极宝典收集了 100 个经过实战检验的高效提示词模板，你只需复制、稍做修改就能立即使用。

职场必备：让工作效率翻倍的提示词

职场中，时间就是金钱。这些提示词模板能帮你快速处理日常工作中的各种任务，从文档撰写到会议准备，从数据分析到团队管理。

（1）会议记录与总结

"请帮我将以下会议记录整理成一份专业的会议纪要，包括：①主要讨论点，②决策事项，③行动计划和负责人，④后续时间节点。会议内容如下：【粘贴你的会议记录】"

（2）邮件回复助手

"我需要回复一封重要邮件。邮件背景：【简述邮件背景和你的关系】。原邮件内容：【粘贴原邮件】。请帮我起草一份专业、友好且简洁的回复，重点关注【具体要点】。语气应该【正式／友好／坚定等】。"

（3）工作报告优化

"请帮我优化以下工作报告，使其更加专业、简洁和有说服力。重点突出关键成果和数据支持。原报告：【粘贴你的报告内容】"

（4）数据分析解读

"以下是我的【销售／运营／用户等】数据：【粘贴数据】。请帮我分析这些数据的主要趋势、异常点和可能的原因，并提出 3~5 个基于数据的可行建议。"

（5）项目计划制订

"我需要为【项目名称】制订一个为期【时间】的项目计划。项目目标是【目标描述】，主要涉及【相关领域／部门】，可用资源有【描述资源】。请帮我设计项目阶段、关键里程碑、任务分解和时间安排。"

这些模板仅仅是开始。根据你的具体工作性质，你可以自行修改和扩展。关键是要在提示词中清晰地表达你的需求、背景和期望，这样 DeepSeek 才能给出最有价值的回答。

创意写作：激发灵感的创作模板

创意是一种神奇的能量，但有时我们都会遇到创意枯竭的时刻。这些提示词能帮你突破思维局限，找到新的创作灵感和方向。

（1）内容创意风暴

"我正在为【目标平台】创作关于【主题】的内容。目标受众是【受众描述】。请提供10个有吸引力的内容创意，包括可能的标题、核心观点和内容结构。内容风格应该【风格描述，如幽默、严肃、教育性等】。"

（2）故事构架设计

"请帮我设计一个关于【主题】的故事框架。主角是【角色描述】，面临的核心冲突是【冲突描述】。请提供故事的开端、发展、高潮和结局建议，以及可能的情节转折点。"

（3）文章开头生成器

"我正在写一篇关于【主题】的【文章类型】，目标读者是【读者描述】。请为我创作5个不同风格的开头段落，要能够立即抓住读者注意力并引导他们继续阅读。"

（4）比喻和类比生成

"请帮我为【复杂概念】想出5个生动、易懂的比喻或类比，使它对【目标受众】来说更容易理解和记忆。"

（5）多角度思考

"关于【话题】，请从【支持 / 反对 / 中立】三个不同角度分析，每个角度提供3个最有说服力的论点和具体例子。"

学习辅助：加速知识获取的学习提示词

学习新知识既是必要的，也是充满挑战的。无论是学生备考、职场技能提升，还是养成终身学习的习惯，这些提示词都能帮你更高效地获取和消化知识。

（1）概念解释器

"请用最简单、最直观的语言解释【复杂概念】，就像向一个完全不了解这个领域的人解释一样。可以使用日常生活中的比喻和例子。然后逐步增加复杂度，直到专业水平的理解。"

（2）知识体系构建

"我想系统学习【学科 / 领域】，请帮我构建一个完整的知识图谱，包括：①核心概念和原理，②不同分支和子领域，③学习路径建议（从基础到高级），④每个阶段的关键学习资源。"

（3）复习总结助手

"以下是我的【学科】学习笔记：【笔记内容】。请帮我整理成一份结构化的复习提纲，突出关键概念、公式和方法，并以便于记忆的方式组织。"

（4）问题解析深入

"我在学习【主题】时遇到了这个问题：【问题描述】。请不要直接给出答案，而是：①分析问题本质，②提供解题思路和方法，③给出一步步的引导提示，④最后才是完整解答。"

（5）学科跨域连接

"请分析【学科A】和【学科B】之间的关联和交叉点，包括：共同的基础原理、互补的研究方法、跨学科应用案例，以及学习一个如何能帮助理解另一个。"

生活场景：解决日常问题的实用公式

AI不只是职场和学习的助手，它也可以成为你日常生活的得力帮手。从健康饮食到旅行规划，从家庭教育到个人理财，这些提示词能帮你解决各种生活难题。

（1）个性化饮食计划

"我是【年龄】岁【性别】，【身高】，【体重】，日常活动水平【低/中/高】，目标是【减重/增肌/健康饮食】。有以下饮食限制：【任何过敏或不喜欢的食物】。请为我设计一个为期7天的健康饮食计划，包括三餐和零食，注明大致的卡路里和营养构成。"

（2）旅行规划助手

"我计划去【目的地】旅行【天数】天，时间是【月份】，预算约【金额】。我对【特定兴趣，如历史、美食、自然等】特别感兴趣。请帮我设计一个详细的行程计划，包括必去景点、住宿建议、交通方式和特色体验，以及可能的隐藏小众地点。"

（3）家庭教育咨询

"我的孩子【年龄】岁，最近遇到了【具体问题或行为】。背景情况是【相关背景】。请从儿童心理学角度分析可能的原因，并提供5个实用的沟通和教育策略，帮助我有效引导孩子。"

（4）家居改造创意

"我想改造我的【房间类型】，空间大约【尺寸】平方米，目前风格是【现状描述】，预算约【金额】。我希望新的风格是【期望风格】，重点解决【功能需求】问题。请提供改造创意和具体建议，包括色彩方案、家具布置和装饰元素。"

（5）个人效率提升

"我发现自己经常【描述低效习惯，如拖延、注意力不集中等】，特别是在【具体场景】时。这影响了我的【工作／学习／生活】质量。请提供一套实用的效率提升系统，包括环境设置、时间管理技巧和心理策略，帮我克服这些障碍。"

专业领域：各行业深度应用的高级提示词

不同行业和专业领域有其独特的知识体系和工作流程。这些针对特定领域的高级提示词，能帮助专业人士更高效地解决行业难题。

（1）营销策略分析

"我正在为【产品／服务】开发营销策略，目标客户是【客户描述】。当前市场状况：【市场描述】。主要竞争对手：【竞争对手及其策略】。我们的独特卖点是【×××】。预算约【金额】。请制定一个全面的营销策略，包括渠道选择、内容方向、投放时机和效果评估方法。"

（2）法律文件审查

"请帮我审查以下【合同类型】，重点关注可能对【我的角色】不利的条款，以及有模糊或可协商空间的部分。文件内容：【粘贴文件内容】"

（3）产品设计反馈

"我设计了一个【产品描述】，目标用户是【用户群体】，旨在解决【问题描述】。当前设计如下：【设计描述或图片链接】。请从用户体验、功能性、美观度和市场差异化四个维度给予专业评价和改进建议。"

（4）科研论文结构优化

"我正在撰写一篇关于【研究主题】的学术论文，研究方法是【方法描述】，主要发现是【发现描述】。请帮我优化论文结构，特别是【引言/方法/结果/讨论】部分，确保逻辑清晰和学术严谨性。"

（5）投资组合分析

"我当前的投资组合如下：【资产列表及比例】。我的投资目标是【目标描述】，风险承受能力【低/中/高】，投资期限【时间】。请分析这个投资组合的优势和风险，并提出调整建议以更好地达成我的财务目标。"

掌握这些提示词模板，你就掌握了与 AI 高效沟通的钥匙。记住，最有效的提示词往往包含明确的目标、充分的背景信息、具体的要求和预期输出格式。随着使用经验的积累，你会逐渐形成自己的提示词风格，让 AI 成为你的完美助手。

AI 安全防护指南：避开数字时代的陷阱

随着 AI 技术的普及，我们需要更加警惕数字世界中的新型陷阱。AI 带来便利的同时，也产生了前所未有的安全和伦理挑战。本部分将帮助你构建全方位的防护意识，在享受 AI 便利的同时，保护自己和他人的权益。

真假难辨：识破 AI 生成的虚假内容

AI 生成内容的能力日新月异，从文字到图像、视频，真假界限越来越模糊。如何在信息爆炸的时代保持清醒判断力？

当你看到一篇新闻报道、一张图片或一段视频时，可以遵循这五步核实其真实性：

▮ 第一步：检查来源可靠性

评估内容的发布源。知名媒体、官方机构或有良好记录的个人账号发布的内容通常更可靠。注意 URL 和账号是否是官方的，而不是模仿者。查看发布历史和一贯的内容质量。

▮ 第二步：寻找不自然的模式

AI 生成内容常有特定特征。文字内容可能存在微妙的逻辑矛盾、事实错误或重复模式。图像中注意不自然的细节，如人物手指、眼睛、背景物体的畸变。视频中观察唇形与语音是否同步，面部表情是否自然。

▌第三步：交叉验证信息

重要信息应通过多个独立来源验证。搜索相关内容，看是否有其他可靠来源报道同样的事件或信息。特别注意时间线一致性和细节匹配度。

▌第四步：使用 AI 检测工具

利用专门设计的 AI 内容检测工具辅助判断。文本可以使用 GPTZero、图像可以使用 CAI（Content Authenticity Initiative）开发的工具。这些工具不是万能的，但可以提供初步判断依据。

▌第五步：培养批判性思维

最终的防线是你自己的判断力。问自己：这个内容是否符合常识？发布者有什么动机？内容是否试图引起强烈情绪反应？越是触发强烈情绪的内容，越需要谨慎对待。

数据保镖：保护个人信息的必备知识

在与 AI 工具交互时，我们常常无意中分享了大量个人信息。以下是保护您个人数据的关键策略：

▌了解数据收集范围

使用 AI 工具前，了解它们收集哪些数据以及如何使用这些数据至关重要。阅读隐私政策，特别关注数据存储时间、共享对象和用途。DeepSeek 等工具通常会在隐私政策中明确说明，例如：对话内容存储、使用目的和第三方共享情况。

明智选择分享内容

与 AI 交互时，避免分享敏感个人信息，如完整身份证号、银行账户、详细住址或医疗记录。需要讨论包含个人信息的话题时，可以匿名化或概括信息，如使用"一位 30 多岁的上班族"而非具体姓名和年龄。

利用 AI 隐私设置

许多 AI 平台提供隐私控制选项，如关闭对话历史记录、选择不参与产品改进计划等。检查并启用这些保护设置，定期清除使用历史记录。

构建数据共享意识

记住，输入 AI 系统的内容可能被用于训练或改进系统。避免分享：商业机密、未公开创意、他人的私密信息或任何不希望在其他场景出现的内容。

定期安全审核

定期检查你使用的 AI 服务账户活动，查找可疑登录或使用模式。更改密码，启用双因素认证，并注销不再使用的服务。

依赖解毒剂：保持健康的 AI 工作关系

随着 AI 工具深入日常工作和生活，过度依赖 AI 可能带来一系列问题，从创造力下降到判断力减弱。以下是保持健康 AI 使用习惯的关键策略：

建立明确的使用边界

为 AI 工具在你工作流程中设定清晰的角色定位。将 AI 视为辅助工具而非替代品，确定哪些任务适合 AI 处理，哪些需要保留人类判断。例如，可以使用 AI 进行资料收集和初步分析，但关键决策和创意方向仍由你把控。

保持批判性思维

不要盲目接受 AI 提供的所有信息和建议。养成质疑和验证的习惯，特别是在专业领域。将 AI 视为提供选项而非最终答案的顾问，每次都评估 AI 建议的适用性和准确性。可以尝试从不同角度提问，比较多种回答，形成自己的判断。

培养独立能力

定期脱离 AI 完成任务，保持基础能力和思考肌肉。设定"无 AI 日"练习独立解决问题，保持创新思维和解决问题的基本技能。学习新知识时，先尝试自己理解和消化，然后再使用 AI 辅助解释或扩展。

平衡效率与学习

使用 AI 提高效率的同时，不忽视学习和成长的过程。快速完成任务固然重要，但理解过程和原理同样关键。使用 AI 时，不只关注结果，也关注方法和思路，将 AI 作为学习伙伴而非只是生产工具。

定期反思使用模式

每隔一段时间评估你的 AI 使用习惯。问自己：我是否过度依赖 AI？我是否在关键能力上有所退步？我与 AI 的互动是否健康平衡？基于反思调整使用策略，确保技术始终为人所用，而非相反。

DeepSeek 生态探索：持续进化的 AI 学习路径

AI 技术日新月异，DeepSeek 作为领先的 AI 工具也在不断更新迭代。如何跟上这个快速发展的领域？如何挖掘 DeepSeek 的全部潜力？本部分将为你提供持续学习和探索 DeepSeek 生态的路径图。

官方宝藏：最新功能与更新指南

DeepSeek 团队不断推出新功能和改进，官方渠道是获取最新信息的重要来源。这些资源不仅能帮你了解新功能，还能提供使用技巧和最佳实践。

官方网站与博客

DeepSeek 官方网站是了解产品最新动态的首要渠道。定期访问"更新日志"或"What's New"部分，了解最新功能和改进。官方博客通常会深入介绍新功能的使用场景和技巧，有时还会分享用户案例和使用数据洞察。

官方社交媒体账号

关注 DeepSeek 的官方微信公众号、知乎账号、B 站频道等社交媒体平台。这些渠道通常会第一时间发布产品更新、使用技巧和活动信息。有时还会有互动问答和社区活动，提供学习和交流的机会。

产品内通知与教程

注意 DeepSeek 界面内的更新通知和引导。当新功能推出时，界面通常会有提示和简短教程。利用这些内置引导，快速了解和掌握新功能。探索产品内的"帮助中心"或"指南"部分，这里通常有详细的功能说明和使用建议。

官方 API 文档与开发者社区

如果你有技术背景或打算深度集成 DeepSeek，官方 API 文档是必不可少的资源。API 文档通常会详细说明各种接口的参数、用法和限制，帮助你将 DeepSeek 整合到自己的项目中。关注开发者论坛和 GitHub 仓库，了解最新的技术更新和社区贡献。

这些官方资源提供的信息最为权威和及时，养成定期查看的习惯，能帮你始终站在 DeepSeek 使用的前沿。

高手圈子：值得加入的学习社区

个人学习有其局限性，加入活跃的学习社区能大大加速你的成长。这些社区不仅提供知识共享，还能带来人脉和合作机会。

垂直领域交流群

寻找专注于特定领域的 DeepSeek 用户群，如教育、营销、内容创作、编程等。这些群体通常会分享特定场景下的提示词技巧、工作流程和实战案例。直接向有经验的用户学习，了解他们如何在特定专业中应用 DeepSeek。

AI 工具爱好者社区

加入关注各类 AI 工具的综合社区，如"AI 工具指南""AI 创作者联盟"等。这些社区不仅关注 DeepSeek，还会讨论各种 AI 工具的对比和组合使用策略。广泛的视角有助于你发现 DeepSeek 的独特优势和最佳应用场景。

线上学习平台的专题课程

关注知识星球、得到、知乎 Live 等平台上关于

DeepSeek 和 AI 工具的专题内容。这些内容通常由领域专家精心策划，系统性强，能快速提升你的使用水平。参与直播互动和问答环节，获取针对性的建议和指导。

线下交流活动

关注 DeepSeek 官方或社区组织的线下活动，如工作坊、沙龙和大会。面对面交流往往能产生更多灵感和合作机会。这类活动通常会邀请资深用户分享经验，有时还有官方团队成员参与，提供第一手信息。

社区学习的关键是积极参与而非被动接收。定期分享你的使用体验、问题和发现，不仅能帮助他人，也能获得更多反馈和建议。选择 2~3 个质量高的社区深度参与，比浅尝辄止加入多个社区效果更好。

工具箱：与 DeepSeek 完美配合的辅助应用

DeepSeek 功能强大，但与其他工具协同使用，效果往往会成倍提升。以下是一些能与 DeepSeek 形成强大组合的工具类别。

数据收集与整理工具

在向 DeepSeek 提问前，高效的数据收集和整理工具能帮你准备更优质的输入。推荐工具包括：

· 网页剪藏工具如 Notion Web Clipper、简悦，帮你保存和整理网络资源。

· 知识管理工具如 Obsidian、Logseq，构建个人知识库。

· 协作平台如 Notion、飞书，便于团队共同收集和利用 AI 资源。

内容创作辅助工具

DeepSeek 生成的内容往往需要进一步编辑和优化，这些工具能锦上添花：

· 写作平台如 Notion、Obsidian、语雀，支持结构化写作和知识管理。

· 内容纠错工具如 Grammarly、写作猫，帮助检查语法和表达。

· 设计工具如 Canva、创客贴，将文字内容转化为视觉内容。

API 集成与自动化工具

对于技术用户，将 DeepSeek 集成到工作流中能大大提高效率：

· 自动化平台如 Zapier、n8n、IFTTT，实现 DeepSeek 与其他服务的连接。

·浏览器扩展如 Surfing、Monica，让 AI 能够理解你当前浏览的内容。

·文档工具如 Notion AI、Membranall，将 DeepSeek 能力整合到文档工作流中。

学习与分析工具

辅助你更好地理解和应用 AI 生成的内容：

·思维导图工具如 XMind、MindMaster，将复杂内容结构化。

·数据可视化工具如 Tableau、DataV，将数据转化为直观图表。

·阅读工具如沉浸式翻译、Readwise，提升内容消化效率。

选择工具时，关注接口便捷性、用户体验和长期维护情况。最好的工具组合因人而异，取决于你的工作流程和需求。实验不同组合，找到最适合自己的工具生态系统。

结语：AI赋能，未来可期

亲爱的读者，当您翻到这最后一页，相信您已经从一位AI小白蜕变成了DeepSeek的熟练掌舵者。回顾我们共同走过的旅程，从基础入门到专业应用，从职场效率到个人成长，DeepSeek已不再是一个简单的工具，而成为您思维的延伸和能力的倍增器。

正如我们在第一章所探讨的，AI正在以前所未有的速度改变我们的工作和生活方式。而掌握DeepSeek这样的AI工具，就像是在数字时代获得了一把通向效率和创造力的钥匙。从日常办公的效率提升，到内容创作的灵感激发；从专业技能的快速掌握，到个人品牌的打造，DeepSeek已经成为您强大的数字助手。

然而，技术的意义不仅在于它的功能，更在于使用它的人。您现在拥有的不只是一系列操作技巧，而是一种全新的思维模式——如何与AI协作，如何将创意与技术融合，如何在数字化浪潮中保持人类的独特价值。这才是本书真正希望传递给您的智慧。

（1）如何与AI协作，本质是构建双向赋能的伙伴关系。这需要我们突破"工具使用"的思维定式，建立清晰的协作框架：将人类擅长的战略规划、价值判断与AI强大的数据处理、模式识别能力相结合。

（2）将创意与技术融合，是数字时代的核心竞争力。当设计师用 AI 生成百变草图突破思维定式，当作家通过语义联想打开叙事新维度，技术便成为创意的加速器。

（3）在数字化浪潮中，人类的独特价值正从执行效率转向心智维度。当 AI 接管标准化工作，我们的核心竞争力在于：构建跨领域认知网络的元能力，在数据洪流中提炼智慧的洞察力，以及机器无法复制的共情创造力。

AI 技术仍在快速发展，DeepSeek 也将不断更新迭代。但无论技术如何变化，理解其核心原理和应用思路的能力将始终是您最宝贵的财富。希望本书所分享的知识和方法能够成为您继续探索 AI 世界的坚实基础。

最后，我要感谢您选择了这本书，与我们一同踏上这段 AI 学习之旅。技术的未来充满无限可能，而您已经准备好在这个充满机遇的新时代大展身手。让我们铭记：工具再强大，也是为人所用；AI 再智能，也需要人类的创意和判断力来引导。

愿您在 DeepSeek 的陪伴下，工作更高效，生活更丰富，创造力不断迸发，梦想照进现实！

未来已来，与 AI 同行。